宠物伤害事故防范知识

张俊红　赵欣雅/编

新疆美术摄影出版社

图书在版编目(CIP)数据

宠物伤害事故防范知识/张俊红编.—乌鲁木齐:新疆美术摄影出版社,
2012.5

(学生安全防范丛书)

ISBN 978-7-5469-2365-9

Ⅰ.①宠… Ⅱ.①张… Ⅲ.①宠物-伤害-防治-青年读物 ②宠物-伤害
-防治-少年读物 Ⅳ.①R646-49

中国版本图书馆 CIP 数据核字(2012)第 087020 号

学生安全防范丛书

宠物伤害事故防范知识

策　　划	库里达
编　　者	张俊红　赵欣雅
责　　编	王　族
出版发行	新疆美术摄影出版社
	(乌鲁木齐市经济技术开发区科技园路 5 号　830026)
总 经 销	新华书店
印　　刷	三河市燕春印务有限公司
开　　本	787mm×1 002mm　1/16
印　　张	10
字　　数	100 千字
版　　次	2012 年 5 月第 1 版
印　　次	2017 年 1 月第 2 次印刷
书　　号	ISBN 978-7-5469-2365-9
定　　价	29.80 元

❸

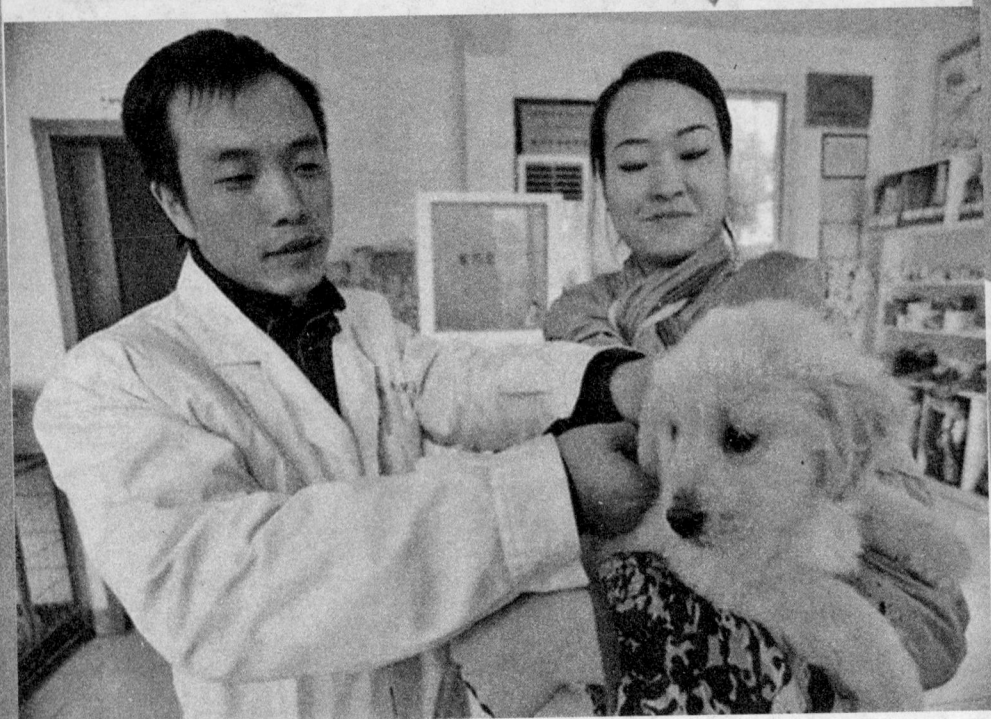

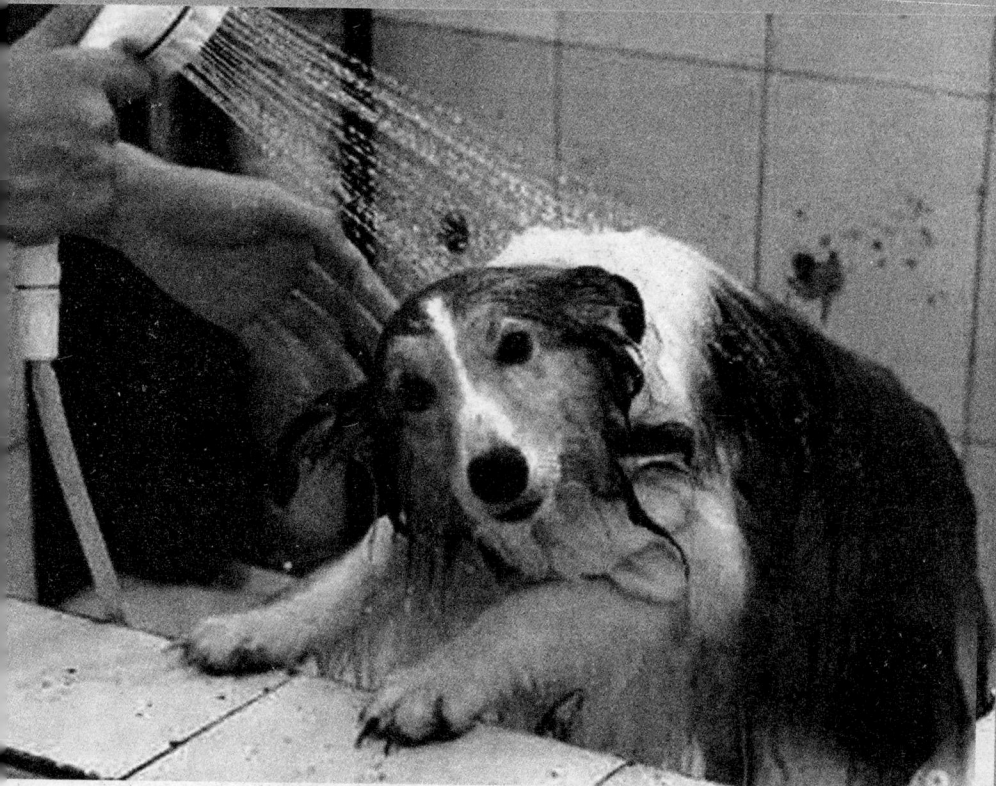

目 录

第一章　宠物伤害事故防范知识

　　任何事情都是有利有弊的。宠物在给我们带来欢乐的同时，也可能对人的健康、安全造成一些负面影响。

宠物的定义及其分类

1. 宠物的定义

宠物是指受到人类宠爱的一切动物。具体地讲，伴侣动物、观赏动物和其他一些动物都是宠物。这是宠物的一个广义概念，而猫、犬仅仅是宠物的一个狭义概念。

（1）伴侣动物：指那些已经被驯服，适合于家庭饲养，能与人长期共同生活的动物。这些动物一般体形较小，并能给人带来愉悦。例如犬、猫、鸽、笼养鸟、金鱼、龟等。

（2）观赏动物：本意是指具有观赏价值的野生动物。这类动物大多数都饲养在动物园、野生动物园或公园内。例如，野马、野驴、鹿、黄羊、象、狮、虎、豹、大熊猫，以及孔雀、鹤、大雁、小型野鸟等。有些观赏动物通过人类的长期驯养和调教，也变成了伴侣动物，像我们熟悉的观赏鱼类、观赏鸟类，就是很好的例子。

（3）其他：其他动物作为宠物的种类也很多，如马、牛、山羊、绵羊、猿、猴、兔、蛙、豚鼠、仓鼠、蚂蚁等。

2. 宠物的一般分类

世界上不同种族、不同地域的居民，因为历史条件、生活方式、社会发展进步程度的不同，以及宗教、文化、习俗的差异，他们所饲养和喜爱的宠物是不完全相同的，但归纳起来可分为以下8类：

（1）家养宠物：如犬、猫、观赏鸟，包括金丝雀、鹦鹉、八哥、百灵鸟等。据估计，我国目前养犬约2亿只，养猫约1亿只。

美国 58～60％的家庭有宠物，其中犬有 8000 万只，猫有 5400 万只，家养鸟有 3100 万只。美国仅犬、猫饲料的年销售量达 90 亿美元，是一个巨大的市场。宠物饲养业也带动和推进了其他许多相关产业的发展。

（2）生态动物园宠物：包括哺乳类动物，如熊、狐狸、狼、狍子、獴等，以及爬行类和两栖类动物，如蛇、蟒、蜥蜴、蟾蜍等。

（3）观赏鱼类：如金鱼、锦鲤、热带鱼，品种繁多。

（4）昆虫类：如蟋蟀、蜘蛛、蚂蚁、竹节虫、蚕蛹等。

（5）笼养宠物：如兔、豚鼠、大鼠、小鼠、仓鼠、栗鼠、松鼠、飞鼠、跳鼠、冬眠鼠等。

（6）围场内的宠物：如矮种马、袋鼠，以及马、牛、羊、猪、骆驼、驴、骡、驯鹿等家畜。在我国，家畜既是重要的生产和生活资料，又是广大农牧民的宠物和朋友。

（7）饲养场内的鸟类：如雉、鹌鹑、鹤、鹰、鸵鸟、火烈鸟、太阳鸟、蜂鸟、鹈鸟、穴鸟、喜鹊、乌鸦等。鸟类中的家禽，特别是鸡、鸭、鹅、火鸡等，除具有重要的商业价值外，在我国广大农村也被视为家养宠物。

（8）其他特殊的哺乳动物：如灵长类动物猴、猿，还有水獭、野兔、海豚等。

宠物与人之间的关系

宠物和人之间的关系大体有以下几种情况：

1. 伴侣关系：宠物大多数都聪明、温顺、机警、乖巧，能调

节生活，给主人的身心健康带来益处，甚至对一些精神类的疾病，比如精神抑郁、孤独郁闷等，有一种很好的辅助性治疗效果。西方发达国家，很多家庭都饲养着犬、猫、观赏鸟、观赏鱼等宠物，特别是单亲家庭、老人独居家庭，大多都有宠物。宠物和家庭成员之间具有一种和谐亲密的伴侣关系。

2.合作关系：这一点工作犬表现得尤为突出，比如看护犬、导盲犬、牧羊犬、救护犬、军犬、警犬等，它们能完成许多艰巨的任务，为人类做出了重大贡献。猫能捉鼠。大多数观赏鸟类能捕食森林和农作物的害虫。家畜家禽的生产，除满足人类对动物性食物的需求外，还用赛马、马术表演、斗牛、斗羊、斗鸡等多种方式，来服务和取悦于人类。

3.利用宠物进行科学观察：通过饲养宠物，儿童可以长期地、近距离地观察它们的生长发育、生活习性、繁殖方式，这对于开发儿童的智力，培养他们的责任感和爱心是很有好处的。另外，利用宠物，如猪、犬、灵长类动物来进行生物学、医学、比较医学的研究，对于人类进一步了解和揭示生命的奥秘，认识和战胜很多复杂的疾病，如高血压、糖尿病、肿瘤、艾滋病等，也有着重要的意义。

4.其他关系：宠物饲养业可以拉动一些相关产业的发展，像饲料、用具、医疗、药品、美容、服饰等。宠物的国际间交换，有助于加强各国人民之间的友谊和理解。某些宠物还可以出口创汇等。

保护环境，善待动物，建设好地球家园是人类在21世纪面临的一个重要课题。在我国，随着经济的发展，社会的文明进步，逐步富裕起来的城乡居民饲养宠物的种类越来越广，数量也越来越多，时代给我们每一个人提供了展示个人才华、想象力和个性发展的机遇和空间。从某种意义上甚至可以说，一个社会宠物饲

养量的多少，宠物生存状况的好坏，是衡量这个社会文明、进步、安宁、富裕的客观指标之一。

由宠物所引起的人类疾病

任何事情都是有利有弊的。宠物在给人带来欢乐的同时，也可能对人的健康、安全造成一些负面影响，其中包括宠物致病的问题。所谓宠物致病，是指由宠物所引起的人类疾病。这类疾病大体上可以分为以下四类：

1.外伤性疾病：由于对宠物管理不善或故意挑逗、激怒宠物，使人受到伤害，这种情况是经常发生的。例如，被犬咬伤，被猫爪抓伤，被牛、马踢伤，被蛇咬伤等。发生被宠物意外咬伤时，病人应迅速到附近的诊所、医院就诊。医护人员在询问病史、进行临床检查、做出初步诊断的基础上，应立即进行清创、消毒、止血、缝合，以及其他相应的外科处理。同时，针对不同原因的外伤，医护人员应采取特殊的对症治疗。例如，给病人注射破伤风抗毒素，防止发生破伤风。怀疑犬、猫等动物带有狂犬病病毒，当人被它们咬伤或抓伤后，要仔细清洗伤口，并按规定注射狂犬病疫苗。人被毒蛇咬伤时，要针对不同的蛇毒，积极救治。

2.变态反应性疾病：人群中约有10%的人具有过敏性体质。当他们吸入、食入或注射进体内一些过敏原时，可以引起全身性的或局部性的变态反应性疾病，如过敏性休克、支气管哮喘、枯草热、荨麻疹以及食物、药物、花粉和虫螫性过敏等。过敏原主要有动物的毛发、皮屑，昆虫叮螫（如蜂类），室内尘螨，此外，

还有花粉，一些食物（牛奶、乳、蛋、鱼、虾、贝类），生物制品（疫苗、抗毒素），药物（青霉素、阿司匹林）等。其中，室内饲养的某些宠物，对这类疾病的发生有一定作用。在预防上，应杜绝或尽量减少与过敏原接触，如果与宠物有关，就要限养或不在室内饲养宠物；在治疗上，使用色甘酸盐、抗组胺药或肾上腺素等抗过敏的药物。

3.传染病：宠物把病原微生物，如狂犬病病毒、大肠杆菌等，通过不同的途径传染给人，引起人发生某种传染病。这类疾病包括病毒感染性疾病、细菌感染性疾病、真菌病、立克次体病、衣原体病等。

4.寄生虫病：宠物和人密切接触时，把寄生虫虫卵、幼虫等传染给人，引起人患寄生虫病。这些疾病包括蠕虫病、原虫病、体外寄生虫病等。

由宠物引起使人患上的传染病和寄生虫病，都属于人畜共患病的范围。目前，世界上已证实的人畜共患病有200多种，其中比较重要的约90多种。这其中大部分都可以由宠物传染给人。

怎样快速应对宠物伤害

近年来宠物的种类和数量在逐渐增多，宠物伤害孩子的事件屡见不鲜，妈妈照顾孩子的时候，除了防患于未然，还应学会怎样快速应对宠物对孩子造成的意外伤害。

1.被宠物咬伤

（1）孩子被宠物轻微咬到，但皮肤未破

处理方式：先安抚受惊吓的孩子，即刻用大量清水冲洗被咬

处，然后使用无刺激性或者刺激性较小的肥皂洗净被咬处。如果孩子还伴有瘙痒等异常情况，应去医院及时就诊。

预防措施：尽量让孩子与宠物保持一定距离，在孩子与宠物玩耍时一定要有大人在一旁看护。如果发现宠物有异常情况，应立即把宠物与孩子分离开来。

（2）孩子被宠物咬破一般皮肤

处理方式：首先在第一时间用肥皂水冲洗伤口，并用家用酒精对孩子被咬破的皮肤伤口进行简单的擦拭、消毒，擦拭过程中安抚孩子停止哭闹，让孩子安静下来，消除对宠物的恐惧心理。由于孩子被宠物咬破皮肤，动物的口腔有很多细菌，所以一定要尽快到医院进行及时治疗，并请教医生是否注射狂犬病和破伤风疫苗。

预防措施：一般来说，孩子的皮肤被轻微咬破多发生在孩子与宠物逗乐时，所以在宠物与孩子逗乐时，一定要有大人在一旁指导孩子哪些动作千万不能做。

（3）孩子耳朵被咬

处理方式：由于孩子的身高等原因，有的时候宠物可能会咬到孩子的耳朵，我们知道，耳朵不仅仅是我们获取外界信息的一个重要渠道，而且对我们的平衡力以及美观都有很重要的作用。所以一旦发现孩子耳朵被咬，应尽快看看与耳朵周围相连的血管以及脸部有无牵连受伤，还要看宠物的唾液是否流进孩子耳朵里边，如果有，尽快让孩子斜侧身体把耳朵内宠物唾液控出。

预防措施：孩子在很小的时候尽量不要让中型、大型宠物太靠近。

（4）被咬掉手指

处理方式：由于这是被宠物咬伤当中最为严重也是最为可怕的，情况严重者可造成重度感染或身体留下终身缺陷。被狗或猫

咬的伤口往往外口小，里面深，这就需要冲洗时，尽量把伤口扩大，让其充分暴露，并用力挤压伤口周围软组织，而且冲洗的水量要大，水流要急，最好是对着自来水龙头急水冲洗。伤口不要包扎。除了个别伤口大，又伤及血管需要止血外，一般不上任何药物，也不要包扎，并保留好被咬下的手指，立即送医院，让医师根据伤情，决定如何把手指接上。

预防措施：避免孩子与大型且攻击性较强的宠物接触。千万不能让孩子和宠物玩耍时手中带有宠物的食物，因为多数宠物还是会有护食、抢食情况出现。

①养宠物，狗，猫，一定要为其定期注射狂犬疫苗；

②狂犬病毒是厌氧的，在缺乏氧气的情况下，狂犬病病毒会大量生长。所以伤口无论大小，一定要进行消毒和消炎处理，并注射狂犬病疫苗，预防狂犬病的发生。

2. 被宠物抓伤

（1）被鸟啄伤手指

处理方式：由于很多作为宠物的鸟的嘴很尖锐，所以伤口一般都较深，因此在进行消毒时一定要彻底，如果孩子伤势严重，消毒后仍然应该去医院做进一步检查。

预防措施：不要让孩子在近处逗鸟或者将手指伸进鸟笼中，不要接触攻击性较强的鸟类或者陌生人豢养的宠物鸟。

（2）隔着衣服被猫抓

处理方式：应该先褪去衣服看孩子有没有受伤，一般来说，这种情况不会对孩子造成很大伤害，但是会使孩子受到巨大惊吓以及带来不利心理影响。如果发现孩子身体有伤痕，应该马上按压伤口止血，然后就医。

预防措施：在春天，最好不要让孩子与猫一起玩耍，因为春天很多动物（猫也不例外）正处于发情期，宠物们在这个时候攻

击性较强。

（3）被猫直接挠伤脚

处理方式：被猫挠伤后，应及时用刺激性较小的肥皂水为孩子冲洗伤口，然后到医院进行伤口治疗并注射狂犬病疫苗。

预防措施：在孩子与宠物玩耍时，最好给孩子脚上加一层覆盖物，这样即使遇到宠物抓到孩子的情况，也不会对孩子造成很大伤害。

3.被宠物扑倒

（1）受到惊吓，没有受伤

处理方式：孩子被宠物张牙舞爪地扑倒在地，尤其是体型比孩子大的宠物，这时候孩子受到了很大的惊吓，神情可能会有短暂的呆滞，之后会放声大哭。爸爸妈妈这时候一定要给孩子适当的安慰，必要的时候可以试着打骂一下闯祸的宠物，一定要消除宠物惊吓给孩子带来的阴影。

预防措施：**爸爸妈**妈平时可以多和孩子在一起看《动物世界》，在看的时候给**孩子**讲解一些动物的习性，让他慢慢了解各种动物的特征；平常的**时候**可以带着孩子去接近一些温驯的动物，比如兔子，小猪，鼓励孩子去摸摸它们，喂它们食物，看它们玩耍（但切记要注意安全）。

（2）被宠物扑倒摔伤头部

处理方式：孩子被宠物扑倒时，很可能会仰面摔倒在地，这时候爸爸妈妈首先要查看孩子的头部是不是受伤了，如果头部流血了，爸爸妈妈应先打急救电话，然后用干净的手帕按住孩子的伤口，呼唤孩子看是否有反应，不要轻易移动孩子的身体，等待救护车到来送孩子进行急救。

预防措施：孩子和宠物在一起玩耍时，不要让孩子去一些比较坚硬的地面或者有棱角的地面，防止孩子摔伤或者碰伤。爸爸

妈妈可以在孩子玩耍的地方铺上一层垫子。

（3）被宠物扑倒扭伤脚

处理方式：被宠物扑倒的时候，孩子可能会扭伤脚，这时候要把孩子扭伤的脚垫高，不要让伤脚活动。为了给孩子扭伤的脚的消肿，可以先用冷水或冰块敷几分钟，然后，用干净的手帕或消毒的绷带扎紧扭伤部位，这样做可以保护和固定受伤关节，也可以帮助消肿。妈妈切不可轻易为孩子扭伤的脚进行按摩，这样有可能造成更严重的肿胀。

预防措施：避免让孩子和一些体型比较大的宠物接触，孩子在和宠物玩耍的时候，爸爸妈妈要在旁边照看好孩子。

怎样测试宠物是否具有攻击性

在家饲养宠物时，必须先充分了解它们的习性、特点，并采取相应的措施，以避免对孩子造成不必要的伤害。你的宠物具有攻击性吗？

测验1：将你准备养的宠物翻躺在地上，用手按住它的胸口约30秒，夺走它的行动自由。

测验2：将宠物抬离地面约10厘米，持续30秒钟。

如果宠物被上述这两项行为激怒，表示它的攻击性较强，会挑战主人权威，如果是大型宠物，最好不要养。被人抚摸就想咬人的宠物也要小心。如果主人大声斥责，宠物就会立刻停止咬人，表示它懂得服从权威，这样的宠物可以养。

测验3：突然将空罐丢在宠物身边。

一开始会逃跑，但不久后会跑回来观察空罐，这样的宠物比

较适合豢养。

测验 4：稍稍用力捏宠物的背部。

如果只是哀叫一声，就会出现防御啮咬的问题，一般来讲，只要不对宠物进行攻击的话，它不会主动攻击孩子，突然转头就咬的宠物坚决不能养，会低吼的宠物在饲养时也需要特别注意。

任何一类宠物都有它的习性以及不可预测性，所以在孩子小的时候，家里最好不要养宠物。即使要养，一定不要让孩子与宠物独处。

人与宠物相处的安全距离

现在，越来越多的家长为自己的孩子买了宠物。研究发现，和宠物相处能帮助孩子学到很多东西，有助于培养孩子的爱心和责任感。

1.宠物抱回家前

到宠物医院给宠物检查身体，并注射防治寄生虫的六联针或狂犬病疫苗。如果给孩子选择的是啮齿类动物，尤其是鼠类，最好事先选择给孩子注射出血热疫苗。

为宠物彻底清洁。如果发现宠物携有螨虫和寄生虫，应驱虫后再把宠物带回家。

在家庭医药箱里放上纱布、碘酒、酒精等处理伤口的必用物品，以备不时之需。

最好事先对宠物进行一些训练，例如卫生习惯等。

孩子拥有宠物伙伴的适宜年龄为 5 岁以上，太小的孩子不容易与宠物相处，而且意识不到宠物的危险性。

一些生病的孩子，例如天生免疫能力弱、严重的神经性皮炎、重度过敏等患儿不适宜养宠物。

2.宠物抱回家后

不要让孩子与宠物一起睡觉。小宝宝睡觉时，可在摇篮或小床上加个网罩。

没有父母监护，不要让孩子用手直接给宠物喂食，和不要在宠物吃东西及睡觉时打扰它。

教孩子不要用力去抓挠宠物的耳朵或尾巴，这样会激怒宠物。

别让孩子与宠物过于亲密接触，如抱在一起，互相亲吻等。最好不要让宠物舔孩子，尤其是孩子有伤口的地方，防止宠物把病毒传给孩子。

宠物用过的餐具、玩过的玩具要经常消毒，并妥善保管，不要让孩子触摸。

为宠物准备"秽物箱"，并放在孩子接触范围之外。宠物的排泄物和分泌物既不卫生，又容易造成孩子滑倒受伤，应及时处理干净，避免滞留地面。

经常为宠物梳洗体毛、整修爪牙，让宠物多晒太阳。宠物居住的窝也要勤加清理，以免滋生细菌或寄生虫，殃及孩子。

保持屋里湿度平衡，空气流通。每天至少开窗通风两小时。

经常用专业消毒浴液给宠物洗澡，孩子与宠物接触后也要把手洗干净，养成良好习惯。

定期带宠物到防疫站或宠物医院注射疫苗，祛除螨虫。1岁半以下的幼犬以及1岁的猫应1个月驱虫1次，成年犬半年驱虫1次，成年猫1年驱虫1次。

3.孩子被宠物所伤后

孩子受伤时，有些家长过分紧张，一遍又一遍地用碘酒和酒

精给孩子消毒，这样反而会对孩子的皮肤造成伤害。正确的处理是：

被狗咬伤后，如果伤口很深，或者流了很多血，应马上用纱布用力压住流血的地方，尽量把血止住，然后带孩子到医院做细致的检查。如果伤口很小，应用大量的肥皂水反复冲洗伤口5分钟，尽量减少病毒的侵入，再用碘酒或酒精消毒伤口。伤口初步处理后，家长应立即带孩子去防疫站注射狂犬疫苗。

被猫抓伤后，用温肥皂水给孩子冲洗伤口5分钟，注意不要使用过氧化物或其他杀菌溶液，这会让孩子的伤口越来越疼。如果伤口流血了，要用干净的纱布压住流血的地方来止血。简单处理后观察10分钟，如果伤口仍大量出血，或者孩子的脸上、手上、伤口处出现红肿现象，就要马上带孩子到医院检查，警惕感染猫抓病。

越来越多的家长喜欢为孩子养啮齿类的小动物，但这些宠物身上常携带的病毒可能会引起孩子发烧、头疼、淋巴肿胀、喉咙发炎、疱疹等病症，遇到这样的情况，家长应立即带孩子到医院就诊。

4.孩子在和宠物的相处过程中还应该注意哪些问题

一是要小心处理宠物的死亡。因为小动物的寿命是短暂的。一旦孩子心爱的宠物死了，就会对他的心理造成很大的冲击。因为他的投入很大，这本身是一种丧失，他会很难过的，可能很久不会再养宠物了。但是这又无法避免，因为生活中只有经历一些痛才会成长，要让孩子学会在丧失中成长，学会不断地认识。在国外，父母会告诉孩子树叶掉了是一种轮回，每个东西都会死掉。小孩子就会担心，父母会不会死掉。父母应该对他说："每个人都会死的，爸爸妈妈会等你长大的。"他就会觉得他是安全的。这是一种死亡教育，从对动物学会一种对人的态度。千万不

要把死了的宠物简单地扔到垃圾箱里了事，要帮助孩子去哀悼，比如说帮助孩子一起给死去的宠物找一个埋葬的地方。

二是要注意不要让小孩和宠物产生竞争心理，让孩子觉得爸爸妈妈是不是太喜欢那个动物了，是不是不爱我了。父母要让孩子觉得他们最爱的是孩子。家长在孩子与宠物之间应更多地关注孩子。否则孩子就会有失去被爱的感觉。

三是要让孩子与宠物安全相处，防止被宠物抓伤和咬伤。万一被抓伤咬伤，要赶紧上医院处理。如果孩子身上有伤口，尽量别跟宠物接触过于亲密，以防感染。

夏季谨防孩子被宠物咬伤

很多家庭喜欢养一些小宠物，但是多数小宠物身上都会携带的一些寄生虫，会对孩子的健康造成威胁。不仅如此，宠物也存在"兽性"，非常可能抓伤、咬伤小孩子。特别是夏季孩子又穿得少，极易受伤。

小孩子对事物充满好奇，自我保护能力却又很差，抵抗力也弱，所以家里如果养小宠物，一定要把宠物跟孩子做适当的隔离，不要让孩子与宠物过分亲密接触，并且小宠物的窝居、用具等等要及时清洗、消毒，房子也要进行适当的物理消毒，并且要注意通风、日晒等处理。大人也要随时关注孩子和宠物的行为，不要让他们发生互相伤害的状况，毕竟最后受伤害最重的很可能是孩子。

一定要给小宠物注射防疫疫苗，孩子一旦被小宠物咬伤或抓伤应立即到医疗或防疫部门进行检查，切不可自行解决，或是觉

得无所谓而耽误了治疗的最佳时机，带来难以估量的后果。

温馨提醒：小孩一旦被咬猫狗伤，可用肥皂水、清水清洗后立即送正规医院治疗。

预防宠物伤害孩子的方法

宠物有时候是你的忠实的伴侣，然而当您的家中有婴幼儿时，您可要注意啦！因为这些可爱的宠物有可能伤害到孩子。

下面介绍几种预防宠物伤害孩子的方法：

如果所有的动物与孩子能和平相处，那一定很美妙。但是有些时候却事与愿违，不要假设你家的猫狗会立刻爱上这个新来的家庭成员。有些家庭宠物能大方地接纳新娃娃，但有些却非得争风吃醋一番不罢休。

为了安全起见，不可留下孩子与宠物单独在一起。当你的孩子渐渐长大时，你可以教导他温和地对待宠物，如此可以逐步地培养彼此间的信任，一般注意事项列举如下：

1. 不要让孩子喂食宠物。

2. 绝对不可以拿孩子来逗着宠物玩。

3. 将猫咪的"秽物箱"放在孩子接触范围之外。

4. 预防宠物身上长跳蚤，跳蚤对孩子具有伤害力。

5. 禁止宠物与孩子一起睡觉，在孩子的摇篮上加个网罩以保护孩子。

6. 动物食用的碗盘应该保持十分干净，并防止孩子用手摸触。

7. 将鱼缸、鸟笼、松鼠笼及该类的东西放置于孩子摸不到的

地方。

温馨提醒：除了在家中应该防范宠物对孩子造成的伤害外，你还得提防街上的那些宠物。教导你的孩子不必害怕动物，但是要小心动物，不要靠近拴住的狗，并绝对禁止孩子去抚摸陌生的狗。

家养宠物易伤孩子安全

养宠物是一种时尚，很多人家都养有宠物。但是，这些宠物对孩子的健康有着影响，你知道吗？

近年来，饲养宠物的家庭越来越多，儿童被宠物咬伤的病例越来越多，犬伤成为常见的伤害。由于"宠物"家庭常缺乏相关的教育培训，如宠物的科学饲养、儿童与宠物的相处知识。

养宠物家庭应特别注意：宠物在发情期、产崽期时，应远离儿童。孩子和宠物一起玩耍时，家长一定要陪伴在旁，孩子做出危险的动作时，一定要制止，如果孩子无意中弄疼了宠物，宠物会下意识地做出攻击行为，此时，家长要注意保护孩子。如果婴幼儿被宠物抓伤或咬伤，应马上将伤口残留的血液挤出并用消毒剂清洁伤口，简单包扎后，马上带孩子就医，并在医生的医嘱下给孩子注射相应疫苗。

总之，为了孩子的安全，家中尽量不养宠物。

遭受宠物意外伤害后的注意事项

近年来，随着人们生活水平的提高，饲养宠物狗的家庭也越来越多，因而引发的侵权纠纷也呈现出上升趋势。

在审理案件的过程中，笔者发现此类纠纷呈现出以下两个特点：第一，诉讼标准从几年前的数百元、上千元，上升到以万元为计算单位；第二，被告通常否认存在宠物狗致人伤害的事实，而原告举证证明受害事实的发生又比较困难，审理该类型案件的难度较大。

针对此类伤害案件的特点，为了更好地保护自身合法权益，笔者建议大家遭受意外伤害时，在进行必要的伤口处理后，首先要做好以下几方面的工作：

1.利用身边的电子设备进行录音、录像、拍照

发生意外事故后，可以用带录音、录像功能的手机、MP3、MP4等进行现场拍照、录音、录像等，把现场的对话、交涉、处理过程等记录下来。如果自己没有这些工具，也可以求助周围旁观人员。

2.请求现场目击者留下联系方式

发生意外事故后，要及时地寻求周围人的帮助，在接受别人帮助的同时，他们也成为事件发展过程的见证者，一旦不能协商解决纠纷，可以请求他们作为证人还原事实。

3.及时拨打110

除非是当时可以立即解决的纠纷，或是双方对事实均没有争议并保留下客观凭证，否则无论双方当事人协商得如何顺利，都

应当及时报警，请求警务人员进行相关调查。事后一旦发生争议，可以调取警方留档的相关报警记录、勘查笔录、询问笔录等，作为诉讼维权的证据。

提示：应尽可能地请求警方对了解事发经过的旁观人员进行询问，制作相关的询问笔录。因为随着事件的推移，证言受干扰的机会就越多，这增加了调查取证的难度。

4.去正规的医疗机构就医

这样既可以保证治疗效果，也为被侵权人的伤害部位、伤害程度等留下客观的记录。一旦双方对侵害事实发生争议，则就诊记录、诊断证明、门诊病历等都可以作为证据使用。

提示：杜绝不使用门诊病历的习惯，也督促医务人员尽可能地完整记录就医过程，并保存好相关的就诊记录、医疗单据。另外，一定要核实书写的姓名是否正确，如果有笔误，应及时更正，并加盖医院公章；在有曾用名、别名的情形时，尽可能地用身份证上登记的姓名接受医疗服务。

宠物伤害事故诉讼的注意事项

遇到纠纷后，大家最好能够通过友好协商的方式解决分歧，也可以请当地居委会、派出所组织调解。如果双方未能协商解决纠纷，受害人需要通过诉讼方式维护自己的权利时，则需要注意以下几个问题：

1.有明确的被告

根据《民法通则》第127条的规定，饲养的动物造成他人损害的，在一般情形下，可以将宠物狗的主人列为被告。

在现实生活中，也出现了代为饲养的情形，比如临时出差，把宠物狗委托朋友家寄养，在寄养过程中发生伤害事故该怎么办？这时候宠物狗的实际管理人为被告。

另外，如果伤害事故是因第三人的原因造成的，则应以第三人为被告。

2. 有适当的诉讼请求

在人身伤害纠纷中，通常的赔偿项目包括：医疗费（含后续治疗费）、护理费、住院伙食补助费、残疾器具费、营养费、交通费、误工费、残疾赔偿金、死亡赔偿金、被扶养人生活费、精神损害抚慰金。

但并非所有的纠纷中都存在这些赔偿项目，大家应当根据受伤害实际情况，确定具体的赔偿项目。

3. 准备好相关的证据材料

俗话说打官司就是打证据，一旦诉讼维权，必定需要提供证据证明其诉讼请求。一般可从两个方面准备证据材料，一是证明自己受到意外伤害的证据材料，如事发经过的录音、证人证言、公安机关的询问笔录、就诊记录等；二是证明自己损失程度的证据材料，如医疗费单据、交通费票据、护理协议、误工证明等。

提示：有些证据材料容易灭失，大家可向法院提起诉前证据保全程序，即在法院正式受理原告的起诉之前申请法院调取相关证据材料，从而避免因证据材料的灭失而承担不利的诉讼后果。如安装在社区内的监控录像、即将远行的证人证言等，都可在正式起诉前，先申请法院采取证据保全措施。

宠物致病的病原体种类

能引起宠物生病的病原体种类很多，包括病毒、细菌、真菌、立克次体、衣原体、螺旋体、蠕虫、原虫和体外寄生虫等。这些病原体中有很大一部分是宠物和人都容易感染的，可从被感染的宠物传染给人，引起人感染或发病。

1. 细菌：是最常见的致病微生物，个体很小，要在光学显微镜下才能看得到，外观上呈球形（叫球菌）、杆形（叫杆菌）或螺旋状（叫螺形菌）。通常用微米作为测量单位，1微米等于千分之一毫米。细菌大小在零点几微米到几微米。例如，炭疽杆菌大小为2微米～4微米（长）×1微米～1.5微米（宽），结核分枝杆菌大小为2微米～4微米×0.3微米～0.6微米。细菌是一种单细胞性微生物，但它还没有形成真正的细胞核，基本构造包括最外层的细胞壁和内部的原生质两个部分。某些细菌还有一些特殊结构，包括具有自我保护作用的荚膜和运动功能的鞭毛，以及在不良条件下形成的具有顽强生存能力的芽孢。细菌能在人工培养基中生存和繁殖，这是我们培养和鉴定细菌的基本方法。

2. 病毒：是一类比细菌小得多的微生物，测量病毒的单位是纳米，1纳米等于千分之一微米。例如，口蹄疫病毒很小，它的直径为20纳米～25纳米，而流感病毒比较大，直径可达80纳米～120纳米。病毒只能在放大几万倍甚至几十万倍的电子显微镜下才能看到。一个典型的病毒结构包括核衣壳和囊膜，而核酸位于核衣壳的中央。囊膜外有的附有一些突出物叫纤突。甲型流感病毒囊膜上有血凝素和神经氨酸酶两种纤突，英文缩写的血凝素

是 H，神经氨酸酶是 N。2004 年初，东南亚和我国部分省区发生的高致病性禽流感，是 H5N1 病毒的亚型。这种亚型的流感病毒对人也有一定的感染力。有的病毒缺乏囊膜，不具有完整的细胞结构，不能在人工培养基上生长，必须在活细胞中才能生长繁殖，这就是人们所说的病毒的细胞培养。用鸡胚或活细胞培养病毒，是我们认识和鉴定病毒的一种基础性工作。

3. 真菌：是具有细胞核，能产生孢子的一类微生物，大多数是分枝或不分枝的丝状体，只有少数为单细胞。它能以寄生或腐生的方式生存。真菌的大小可达上百微米甚至数百微米。多数真菌对外界环境的适应能力强，对营养要求不高，在一般的培养基上都能生长。

4. 立克次体：是一种介于细菌和病毒之间的致病微生物，菌体小，多形态，如可呈小杆状、球形或双球菌形等，大小在 0.3 微米～0.6 微米。结构类似于细菌，在普通光学显微镜下可以看到。但它具有严格的寄生性，必须在活的细胞内才能生长繁殖。这个特点又和病毒很相似。

5. 衣原体：它的许多特性和立克次体差不多。衣原体侵入机体后，寄生在细胞的胞浆内，具有独立的生长繁殖周期。感染型衣原体叫原生小体，在细胞浆内增大发育为初体。初体再一分为二，形成具有浸染性的原生小体。衣原体在细胞浆内可形成包涵体。衣原体也只能在活的细胞内生长和繁殖。

6. 螺旋体：是一类介于细菌和原虫之间的单细胞生物，它的菌体细长、柔软，并且卷曲呈螺旋状，但螺距有的紧密，有的疏松。一般宽 0.1～0.5 微米，长 3～15 微米，用暗视野显微镜可以看到活泼的螺旋运动。除钩端螺旋体外，其他螺旋体还不能用人工培养基培养，或者培养起来比较困难，只能通过接种易感动物的方法来进行增殖培养和保存菌种。

7.蠕虫：蠕虫是一类多细胞的寄生虫，包括吸虫、线虫和绦虫。虫体大小差别比较大，长度从几毫米到几十厘米不等。它的特征是没有骨骼，身体柔软，两侧对称，运动类似蚯蚓，靠肌肉的收缩而蠕动，所以称为蠕虫。蠕虫大部分寄生在宠物或人的消化器官内。发育过程一般分为卵、幼虫和成虫三个阶段。成虫所产的虫卵随粪便排出体外。因此，从宠物和人的粪便中检查虫卵，是诊断蠕虫病的主要方法之一。

8.原虫：是一种单细胞动物，虫体微小，大小在 1～30 微米。它的结构简单，由细胞膜、细胞质和细胞核组成。原虫寄生在宠物或人的腔道、体液、组织和细胞内。

9.体外寄生虫：主要是蜘蛛形动物中的螨，以及昆虫里的跳蚤、虱子等，体形较小，如虱子长 2～3 毫米。它们在结构上的共同特点是，身体左右对称，体和附肢分节，寄生在宠物或者人的体表。

防止宠物发病的条件

宠物致病的发生，特别是具有传染性疾病的发生，决定于三个基本条件，即传染源、一定的传播途径以及对病原体具有易感性的个体或人群。预防宠物致病主要针对这三个基本条件采取措施，并切断它们之间的联系，打破它们形成的传染链。

1.传染源：指受到病原微生物或寄生虫感染的宠物。病原体在宠物体内寄居、生长、繁殖，并不断被排出体外，就有可能引起人的感染。宠物受到感染后，可以表现为患病和病原携带两种状态，因此传染源又可分为两种类型。

（1）患病宠物。宠物感染病原微生物或寄生虫后，出现明显的临床症状和体征，已经发病就属于患病宠物。在疾病的急性过程或慢性过程转剧的阶段，病原体可随痰、呕吐物、腹泻物、呼出的气体、大便、小便，以及眼、口、鼻、阴道等处的分泌物排出体外。例如，犬发生轮状病毒感染后，其粪便中排出的病毒可能引起人的感染。

（2）病原携带宠物。它指没有什么症状，但实际上已经感染并能排出病原体的宠物。它包括潜伏期病原携带、恢复期病原携带、表面健康的病原携带等几种情况。这种宠物排出的病原体数量一般不如患病宠物排出的多，但因为缺乏症状，不易被主人察觉，所以有时会成为十分危险的传染源。例如，某些禽类感染鹦鹉热衣原体后，可能不发病而呈隐性状态，但它排出的病菌可引起人发生鹦鹉热病。

2.传播途径：病原体由传染源体排出之后，经过一定方式使人发生感染的路径，叫做传播途径。传播途径很多，但归纳起来，大体上有呼吸道传播、消化道传播、皮肤黏膜传播及经节肢动物传播四种方式。

（1）通过呼吸道传播。传染源存在于肺部、呼吸道黏膜表面上的病原体，如流感病毒、结核杆菌等，可随宠物打喷嚏、咳嗽排出体外，和黏液或渗出物结合在一起，以飞沫的形式较长时间悬浮在空气中，或与尘土混合形成尘埃而存活较长时间。而存在于消化道的病原体，如新型隐球菌，可随鸽粪排出，在清理打扫鸽笼时，它可随灰尘飘浮在空气中。人一旦吸入了这些含有病原体的飞沫或尘埃后，就有可能受到感染，发生流感、结核病、脑膜炎等相关的疾病。

（2）通过消化道传播。很多病原体，如致病性大肠杆菌、沙门菌、轮状病毒、类圆线虫的虫卵等，可随患病宠物的粪便排出

体外，直接造成食物或饮水污染。有时，病原体也可能通过鼠类、蟑螂、苍蝇的活动，引起食物或水源的污染。人食用或饮用了这种不洁的食物、水，就会发病。例如，寄生在犬、猫、猪等动物肝脏、胆囊和胆管内的华支睾吸虫，排出虫卵，污染水源，可在某些螺体内发育成具有感染力的尾蚴。尾蚴钻入鱼体内寄生，并在肌肉中形成囊蚴。人生吃或者半生吃这种鱼肉之后，可引发华支睾吸虫病。

（3）通过皮肤或黏膜传播。人和患病宠物直接接触传染，如人被患狂犬病的犬咬伤，或和犬、猫接吻，或被犬、猫抓伤，就有可能发生狂犬病病毒感染。接触患有鹦鹉热的鸟类，可通过呼吸道、消化道或眼结膜引起人的支原体感染。此外，人也可以通过水源和土壤而发生间接接触传染。例如，日本血吸虫寄生在人或牛、羊、犬等动物门静脉系统的小血管内，虫卵排出后污染水源，并孵化出毛蚴。毛蚴在钉螺内形成有侵袭力的尾蚴进入水中。人在这样的疫水中洗澡、游泳或劳动时，尾蚴就可经皮肤侵入人体，引起血吸虫病。再如，从有病宠物体内排出的炭疽杆菌、破伤风梭菌等，可在土壤中形成芽孢。人在田间劳作时不慎受伤，皮肤深部的创伤一旦被破伤风梭菌的芽孢污染了，可引起破伤风，而食人或吸入炭疽杆菌的芽孢，可引发炭疽病。

（4）通过节肢动物传播。宠物发生某些传染病或寄生虫病后，它的血液或组织液中的病原体，可通过节肢动物吸血，再叮咬人而使人发生感染。例如，犬、马、猪等动物发生流行性乙型脑炎后，蚊子叮咬患病动物后又叮咬人，可使人发生乙脑。热带地区猴、犬、羊、鸡等动物可携带登革热病毒，通过蚊子叮咬传播，可使人发病。Q热立克次体存在于牛、马、羊、骆驼、犬、猪、家兔、旱獭等动物体内，除通过呼吸道、消化道和接触等途径外，已经证明通过蜱和臭虫的吸血叮咬，也能使人发生感染。

利什曼原虫可感染人及犬、仓鼠、鼹鼠、黑家鼠、跳鼠、大沙鼠等多种动物。中华白蛉等吸血昆虫可作为传播媒介，使人发生利什曼原虫感染。

3. 易感个体或人群：对某种传染病或寄生虫病缺乏特异性免疫力的人称为易感者。易感者达到一定数量，就构成了易感人群。这样的个体或人群，通过不同的途径接触到宠物排出的病原体后，就可受到感染。当人群内易感者的比例高到一定程度，又有一定的传染源和合适的传播途径时，就有可能引起疾病在一定范围内的流行。例如，由宠物引起的人类流感就是一个例子。

人感染宠物病原体的发病条件

人接触到宠物排出的病原体后能不能发病，关键在于人的抵抗力和病原体的致病力这一对矛盾力量的对比。两者的斗争，可能会有四种结局。第一种，病原体仅有少量定居和繁殖，它的毒力不足以引起人体功能改变，病原体很快被机体清除，这称为一过性感染。第二种，病原体侵入人体后，在一定部位定居，不断繁殖，并能经常排出病原体，可引起人体局部的轻微损害，但人体能在较长时间内保持健康状态，这种情况称为表面健康的病原携带状态。第三种，机体有一定的免疫力，而侵入的病原体数量不多，毒力不强，但可引起人体生物化学或生理上的异常反应，通过免疫反应，人体可获得特异性免疫力，这种情况称为隐性感染。第四种，人体抵抗力差，而病原体数量多，毒力强，引起人体明显的组织学改变和功能异常，这种情况叫显性发病。由宠物引起人的传染病和寄生虫病，其发展过程有一定的规律性。它大

致可以分为潜伏期、前驱期、症状明显期和转归期。这种发展过程，在急性传染病中表现得尤为明显。

(1) 潜伏期：指从病原体侵入人体，到疾病的临床症状开始出现的时间。在这个时期，不论从什么渠道进入体内的病原体，都开始定居、繁殖，甚至转移，引起组织损伤，同时导致器官功能改变，出现临床症状。每一种传染病和寄生虫病的潜伏期，都有一定的变动范围，有的波动范围还比较大。例如，流行性感冒通常为1～3天（波动范围几小时～4天），流行性乙型脑炎10～14天（波动范围4～21天），狂犬病4～8周（甚至10个月～10年以上），布氏杆菌病2周（波动范围7天～1年以上），炭疽1～5天（波动范围12小时～12天），内脏利什曼病3～5个月（波动范围10天～9年）。一般来说，潜伏期的长短和病原体的数量、毒力、侵入途径和入侵部位有关。病原体数量多、毒力大，潜伏期就可能缩短。狂犬病的潜伏期和被病犬咬伤的伤口与中枢神经系统（脑脊髓）的距离成负相关，即伤口离头部越近，潜伏期就越短。搞清楚每一种传染病或寄生虫病的潜伏期，对确定隔离、观察、治疗的方案是很重要的。

(2) 前驱期：某种传染病或寄生虫病的临床症状已经表现出来了，但其特征性症状还不明显，这个短暂的时期称为前驱期。这个时期一般可以持续几小时或1～3天。这个时期的主要表现是体温升高、食欲减退、疲乏无力、头痛、肌肉酸痛等。但这些都是非特异性的一般症状，从这些一般症状不容易做出疾病的诊断。

(3) 症状明显期：在前驱期之后，某种疾病的特征性症状明显地表现出来，疾病发展到高峰，这个时期就称为症状明显期。例如，流行性感冒可引起部分患者剧烈咳嗽、呼吸急促、发绀；流行性乙型脑炎可出现意识障碍、抽搐和其他神经症状；轮状病

毒感染可引起患者发生水样便；衣原体感染可引起以阵发性咳嗽为主要表现的间质性肺炎；日本血吸虫感染可引起腹痛、腹泻、脾肿大和腹水增多等。

（4）转归期：也称为恢复期。在经历了临床症状明显期后，疾病即进入了恢复期。疾病可能有四种结局，即完全康复，转为慢性，复发，严重的可引起死亡。由于正确的诊断并且采取了适当措施，对患者进行了及时、正确的治疗，机体的抵抗力得到恢复和增强，体内病理过程基本停止，患者各种症状和体征消失，使身体状况逐渐恢复正常，这种结局叫做完全康复。但疾病也有可能转为慢性，如日本血吸虫病的慢性型、结核病的慢性型等。有些病人可留下某些后遗症，常见于中枢神经系统传染病，如脑炎、脑膜脑炎等。有的患者进入恢复期后，潜伏在机体器官组织内的病原体未被彻底消灭并再度增殖到一定程度，使疾病的症状又一次出现，这种现象称为复发。布氏杆菌病、结核病患者可出现这种情况。

一般情况下，患病宠物常在前驱期和症状明显期排出病原体，尤其在急性过程或病程转为剧烈时，可排出大量毒力强大的病原体。但有些疾病在潜伏期即可排出病原体，如患狂犬病的病犬、发生口蹄疫的动物等，这样的动物称为潜伏期病原携带者。有的疾病在恢复期仍可排出病原体，如布氏杆菌病，这类动物称为恢复期带菌者。后两种情况在病原播散上具有重要意义，需要引起警惕。

要综合分析宠物致病资料

正确的诊断是有效治疗的基础。对宠物致病的诊断，要综合分析以下几个方面的资料：

1. 流行病学资料：宠物致病的流行病学调查，需要卫生工作者和兽医密切配合。调查的主要内容是，当地饲养宠物的种类、数量，宠物的免疫接种状况，发病宠物的种类、品种、年龄、性别，疾病发生和流行的情况等；患者的姓名、性别、年龄、职业、患病人数与分布，与患病宠物的接触情况、预防接种史、人群中该种疾病的流行规律等。

2. 临床资料：要详细询问病史，对病人进行全面检查。发热和热型、头痛、咳嗽、腹泻、黄疸等症状，对检查有重要的鉴别意义。在进行体格检查时，要注意有诊断意义的体征，如人感染口蹄疫病毒，可在口腔黏膜和皮肤上出现水疱和溃烂；立克次体感染，可在皮肤上出现皮疹。必要时，医生应对病人进行肝、肾功能检查，或做心电图检查、脑电图检查、超声波检查、X线检查、血气分析等，以获取完整的临床资料。

3. 实验室检查资料：包括一般实验室检查、病原学检查和免疫学及分子生物学检查等。

（1）一般实验室检查。

指血液、粪便、尿常规检查和生化检查。在血常规检查中，白细胞计数、白细胞分类的用途最广。病毒感染（如流感病毒、登革热病毒）和原虫感染（如利什曼原虫）白细胞数通常减少或正常；化脓菌感染（如葡萄球菌）白细胞总数显著增多；革兰阴

性杆菌感染（如布氏杆菌）白细胞总数升高不明显甚至减少；蠕虫感染（如血吸虫、钩虫）血液中嗜酸性粒细胞增多。粪便常规检查和虫卵检查有助于蠕虫病的诊断。尿液检查有助于钩端螺旋体的诊断。血液生化检查对判断肝功能状况很有帮助。

（2）病原学检查。

许多传染病或寄生虫病可以通过显微镜或肉眼，直接观察到病原体而加以确诊。例如，在动物新鲜末梢血涂片中，发现炭疽杆菌；在肺结核病灶的涂片中，发现典型的抗酸染色结核分枝杆菌；在人的血涂片中，发现利什曼原虫；在粪便样本中，发现蠕虫虫卵或绦虫的孕卵节片等，就可对相关疾病做出明确诊断。此外，还可在病变材料中，用人工培养基、鸡胚、细胞培养、动物接种等方法，来培养、分离、鉴定细菌、立克次体、衣原体、病毒、原虫等多种病原体。

（3）免疫学及分子生物学检查。

近年来这方面的研究进展很快，有很多特异、灵敏、快速的方法已用于临床学诊断。在免疫学方面，可用多种标记技术进行抗原（病原）或特异性抗体的检查。在分子生物学方面，原位分子杂交、聚合酶链式反应等方法，可以检测出感染细胞内极微量的病原体（如病毒的核酸）。这些新技术的应用，会推动宠物致病的基础研究及防治水平地不断提高和发展。

在对宠物致病的诊断过程中，还要注意做好鉴别诊断，排除其他原因引起的疾病，以明确诊断。

宠物致病的治疗包括哪些方面

有些宠物致病是具有一定传染性的。对这类疾病，一方面要控制传染源，包括患病的或携带病原体的人和宠物，防止疫病的进一步传播；另一方面，要积极对患者进行治疗，促进患者康复。对所有宠物引起疾病的治疗，都包括一般治疗、对症治疗和针对病因的特效治疗等几个方面。

（1）一般治疗。

它包括隔离、护理和心理治疗。患者需不需要隔离，隔离多长时间，应根据每种传染病和寄生虫病的性质、疾病潜伏期的不同而区别对待。确属需要隔离的，在隔离期间应认真做好各种消毒工作，防止疾病交叉感染。例如，炭疽杆菌感染发生皮肤炭疽者，要隔离至创面痊愈，痂皮脱落。其他类型（肺、肠）的炭疽患者应隔离到症状消失，分泌物或排泄物连续两次做炭疽杆菌培养结果阴性为止。利什曼原虫感染后应隔离到症状消失，骨髓和血液涂片进行原虫检查结果阴性为止。

良好的护理，除包括适当的休息、适宜的光线、空气流通和营养外，还应注意保持水和电解质的平衡，保障呼吸道畅通，维持皮肤和黏膜的清洁卫生，加强基础护理，为患者提供一个舒适而卫生的环境，并正确执行各项治疗措施。医护人员对患者要有高度的责任感和同情心，这有助于提高患者战胜疾病的信心。

（2）对症治疗。

对症治疗能减轻患者的痛苦，并通过调整患者各系统的功能，达到减少机体能量消耗，保护重要器官，使损伤降到最低限

度的目的。它的意义不次于针对病因的特效治疗。在宠物致病的发展过程中，某种症状或综合征的出现，在一定时期可能转化为主要矛盾，如高热、惊厥、休克、脑水肿、大出血、抽搐、严重脱水、电解质紊乱、酸碱中毒、肝肾功能衰竭、心力衰竭等，威胁患者的生命。如能及时加以处理，有可能挽救病人的生命，使患者顺利度过危险期，促进和恢复健康。

（3）特效治疗。

它是针对病原体的特效治疗，具有清除病原体，控制或根治传染病或寄生虫病的作用。常用的药物有抗生素、化学制剂、中药和血清免疫制剂等。针对细菌、真菌、衣原体、立克次体的药物有抗生素和化学制剂及某些中药制剂。治疗蠕虫、原虫和体外寄生虫感染，以化学制剂为主。针对病毒感染，除少数情况外，目前，还缺乏通用有效的抗病毒特效药，但抗生素或化学药物均有利于控制细菌引起的继发性感染。血清免疫制剂，包括特异性抗毒素和抗毒血清；还有多种免疫活性制剂。

预防为主，控制宠物致病

控制宠物致病，应贯彻预防为主的方针，具体要抓好以下几个方面：

（1）做好宠物疫病的监测工作，控制或捕杀传染源。

这项工作应由兽医部门来完成。这包括对宠物定期进行免疫预防接种、驱虫，宠物疫病的监测、报告，对宠物中的传染源进行控制、捕杀或治疗等。

现在我国城乡宠物的饲养量越来越大，及时、高密度地做好

疫苗接种，意义重大。这不但可以切断传染病在宠物间的流行，而且能最大限度地减少宠物致病的可能性。针对犬、猫、鸟类、鱼类和其他宠物的重要传染病，例如，狂犬病、细小病毒病、口蹄疫、结核病、布氏杆菌病、大肠杆菌病等，大多数都已有疫苗或菌苗可供使用。抗宠物寄生虫的虫苗，多数还处在实验研究阶段。

驱虫是宠物寄生虫防治中的重要一环。常用药物杀灭体内或体外的寄生虫，可使宠物保持健康。同时，减少病原体向外界环境的散布，可起到预防人发生寄生虫病的作用。例如，用吡喹酮、硝酸氰胺、酒石酸锑钾、敌百虫等治疗和杀灭宠物感染的血吸虫病；用吡喹酮治疗犬、猫和其他动物的华支睾吸虫感染，效果良好。

世界动物卫生组织规定了 105 种动物的法定报告疾病，其中 A 类疾病 15 种，B 类疾病 90 种。我国农业部规定的法定报告的动物疫病共 116 种，其中一类疫病 14 种，二类疫病 61 种，三类疫病 41 种。这些疫病中有很多属于人畜共患疾病，有些疾病完全可以由宠物引起人的感染。例如，口蹄疫、牛海绵状脑病（疯牛病）、高致病性禽流感、狂犬病、炭疽、布氏杆菌病、弓形虫病、结核病、日本血吸虫病等。发现这类疾病后，各地兽医医疗机构要按规定及时向上级业务和行政主管部门报告，采取措施予以控制和消灭。对宠物中的传染源要区别对待，特别珍贵的品种，有重要经济价值的禽、兽，要严格隔离、治疗，其他动物应予以捕杀。

（2）切断病原体的传播途径。

病原体从患病宠物和病原携带宠物体内排出后，可以通过呼吸道、消化道、皮肤黏膜等多种途径引起人体发病。如果能设法切断病原体的传播途径，就会极大地降低宠物致病的发病率。例

如，对饮食、水源要加强管理，对粪便进行无害化处理。饲养宠物要用专门的食盆，不要和人混用。加强个人防护，当动物呼吸道疾病流行时，要少去或不去宠物饲养场，必须去时应戴口罩，穿好防护服。

在和宠物的接触交往中，我们要防止被咬伤、抓伤，一旦发生外伤，要认真清创处理，严防发生意外；在田间劳动或接触疫水时，也要注意做好防范工作。我们还应搞好灭虫、灭鼠，消灭病原体的传播媒介。

消毒是切断传播途径的一项重要措施。常用的方法有物理消毒法和化学消毒法。物理消毒法比较实用的是热力消毒，如煮沸消毒、高压蒸汽灭菌等，对食具煮沸 15 分钟即可，如果煮沸 1 小时，则可杀灭细菌芽孢。化学消毒法，常用的消毒剂有漂白粉、次氯酸钠、过氧乙酸、高锰酸钾、甲醛、戊二醛、环氧乙烷、环氧丙烷、碘酊、乙醇、石炭酸、来苏儿、洗必泰等。

（3）保护易感人群。

保护易感人群的关键是通过预防接种提高免疫力。此外，我们也应注意通过体育锻炼、加强营养、注意劳逸结合等措施，来提高人体的非特异性免疫力。

狂犬病的防治知识

狂犬病是一种很古老的传染病，是由狂犬病病毒引起的。它危害很大，患者病死率很高。病人怕风、狂躁，并发展为麻痹、咽部肌肉痉挛，惧怕饮水，出现进行性瘫痪。民间又叫做恐水症。

根据卫生部 2003 年 7 月 16 日公布的全国重点传染病疫情报告，位居重点传染病病死率榜首的不是传染性非典型肺炎，而是狂犬病。2002 年全国狂犬病发病 1122 例，死亡 1003 人。2003 年 1～6 月份，全国狂犬病发病人数达 545 人，比上年同期超出 89 人，病人绝大多数死亡，仅广东茂名一地，因狂犬病死亡的人数就达 38 人。2003 年全国因狂犬病死亡 1980 人，病死率为 97.2%。

我国目前狂犬病疫情呈上升的趋势。有些专家分析认为，造成这种状况的主要原因，一是当前群众养犬数量逐渐增多，如城镇的宠物犬、农村的看家犬等数量明显增加；二是养犬人由于犬只注册费、管理费较高等原因，往往逃避注册和有效管理。据报道，新疆乌鲁木齐市有各类犬 2.2 万只，按规定办了养犬证的犬不到 600 只，其中个人养犬办证的犬不到 100 只，不能按时给犬进行免疫注射，有关部门又疏于监督和管理，使犬接种狂犬病疫苗的密度不高；三是部分地区人用的狂犬病疫苗，由于冷链运转和管理不当，造成疫苗质量无法保障；四是部分群众被犬咬伤后，不能进行正规的伤口处理，或因生活贫穷、医疗费较高等原因，不能及时接种疫苗而导致发病甚至死亡。

1. 狂犬病是怎样发生的

很多宠物都可能携带狂犬病病毒，而成为本病的传染源，但在我国主要是由患狂犬病的病犬、病猫引起人的感染。实际上，患病的或带有狂犬病病毒的犬最危险，因为它们喜欢群居，喜欢互相啃咬嬉戏而发生交叉感染，而且与人的关系更密切。首先，有一些表面看来健康的犬和猫，也可能携带病毒，有人调查这种犬、猫，其唾液腺内带病毒率达 22.4%，因而成为危险的传染源。其次，患有本病或者携带狂犬病病毒的猪、牛、马等动物，也能被传播和引起本病。另外，在欧洲、美洲一些发达国家，本

病主要是由带病毒的野生动物，如蝙蝠、狼、狐狸、浣熊、臭鼬引起的。1977 年欧洲 20 个国家共发生狂犬病病例 15726 例。其中 83.4％为野生动物，16.5％为家畜和宠物，0.1％为人。家畜和宠物中，猫占 5％，犬占 4％，牛占 5.1％，羊占 2％。野生动物中，狐狸占 72％，鹿占 5.5％。1979 年美国共发生狂犬病病例 5150 例，其中人 5 例，仅占总数的 0.96％，其他病例全是野生动物、宠物或家畜。动物中发病率最高的是臭鼬，占 59％；其次是蝙蝠，占 15％；然后分别是浣熊（占 10％）、牛（占 4％）、犬（占 3％）和狐狸（占 3％）。根据上述情况，有的学者指出，自然界中的野生动物蝙蝠，宠物中的犬，是传播狂犬病的主要宿主，人和家畜是偶发宿主。

大多数情况下，狂犬病的发生是由病犬、病猫咬破、抓伤人的皮肤后感染造成的。有少数人是宰杀病犬或被病犬咬伤的其他动物时，在剥皮、切割过程中，不慎切破或划破自己的皮肤而引起感染。接触带病毒动物的血液和分泌物也可感染。还有一种少见的情况是人和带病毒的犬、猫接吻，或者病犬、病猫舔舐人的伤口或儿童的肛门，也能引起感染。如果误食了死于狂犬病的动物肉，或者吸入了空气中的病毒（例如，进入群居着带病毒蝙蝠的岩洞内，空气中可含大量狂犬病病毒，探险和做科学考察时要特别当心）也能发病。在密闭的环境里，仅凭呼吸也有可能传染。所以，一旦发现狂犬病病人，必须隔离，接触病人的医护人员必须穿相应的隔离服、戴口罩。此外，孕妇带狂犬病病毒，可通过胎盘引起胎儿感染。下边举些生活中由宠物感染人的例子：

湖北省某农村的一位妇女因急需用钱，忍痛将自己的爱犬卖掉了。临分别前，她忍不住亲吻了一下犬的嘴巴，结果 1 个月后她身患狂犬病死亡。还有一个人长期与自家的小猫同床睡觉，小猫带狂犬病病毒，结果此人患狂犬病死亡。河北省某农村，一只

病犬咬伤了猪，猪又咬伤了鸭子，一位农民舍不得丢弃鸭子，在给鸭子拔毛过程中感染了狂犬病病毒。浙江省一位工人在工厂的院子里打死了一只鼬獾，他的父亲在剥鼬獾皮时感染了狂犬病。江苏省一位农民的犬被另一只犬咬伤，出于爱怜，主人抚摸过被咬犬的伤口，结果感染狂犬病死亡。广西壮族自治区一位青年，仅仅用手摸了打过疯狗的棍子，5个月后患狂犬病而死亡。广西一位妇女的孩子被犬咬伤了腿，裤子也被犬撕咬破了。这位母亲在缝补裤子时，用牙咬过缝线。后来，孩子幸免于难，母亲却患狂犬病而死亡。吃了患狂犬病动物的肉也能感染，这在我国有多例报道。生物学家达尔文在19世纪30年代做环球旅行时也曾发现过，在秘鲁，他见当地不少人得了狂犬病，经仔细调查，得知这些人是吃了死于狂犬病的公牛肉而患病的。患狂犬病动物的肉引起人感染，主要是肉没有经过检疫，本身带狂犬病病毒；肉在加工中半生不熟，没杀死狂犬病病毒；吃肉的人如果口腔或胃的黏膜有伤口，比如溃疡，就更容易造成感染。

狂犬病也能在人和人之间传播。过去认为，狂犬病只能通过患病动物传给人，人和人之间不会传染，但是现在有了人传染人的例子。山西省有一位母亲因护理患狂犬病的女儿，7个月后生了狂犬病。一个农民因抢救患狂犬病的溺水儿童，实施口对口的人工呼吸，3个月后感染狂犬病死亡。美国一位接受角膜移植的患者，7个月后死于狂犬病，医生们大惑不解，后经追查，才恍然大悟，原来角膜的提供者死于狂犬病。

在狂犬病疫苗投入使用以前，被狂犬咬伤的人发病率高达$30 \sim 35\%$。现在，我国城乡医疗条件都有了很大改善，如被犬咬伤后能及时处理伤口，接种疫苗，本病的发病率可降到$0.2\% \sim 0.3\%$。也就是说，随着科学技术的进步，狂犬病的发病率是大大降低了。不幸的是极少数发病者，其病死率依然很高，几乎是

100%，如广西金州 2003 年有多人被犬咬伤，其中 19 人发生狂犬病，全部在 2～7 天内死亡。

狂犬病病人的病死率几乎是百分之百，主要原因是狂犬病病毒的毒力非常强，而且专门攻击神经组织。狂犬病病毒通过咬伤的皮肤，以及消化道、呼吸道侵入健康人体后，先在局部生长、繁殖，然后沿着神经通路到达脊髓和脑，造成中枢神经系统的广泛损伤。但即使被病犬、病猫咬伤，也不会全部发病，关键看病毒是否进入了体内。因此，被患有或怀疑患有狂犬病的宠物咬伤、抓破后，一定要立即去医院或防疫站，进行处理和治疗，万万不可心存侥幸。此外，发病率的高低，还和被咬伤的部位、伤口的深浅等因素有关。一般的规律是，咬伤头部、面部发病率最高；咬伤躯干、上肢，发病率很低；咬伤下肢，发病率几乎为零。原因主要是头面部神经丰富，狂犬病病毒比较容易迅速进入大脑引起发病。伤口深，伤口多，发病率也高。

2. 怎样诊断狂犬病

有和患狂犬病或携带狂犬病病毒的犬、猫及其他带狂犬病病毒动物的密切接触史，特别是曾被咬伤或抓伤过，密切接触、护理过狂犬病病人，吃过死于狂犬病的动物肉，在已证明带有狂犬病病毒蝙蝠群居的洞穴中有探险的经历等。

本病的潜伏期一般为 1～3 个月，但也有短至 4～5 天，或长达数年才发病的。一般为 31～60 天，15% 发生在 3 个月以后。症状典型的可分为 3 期。

（1）前驱期。开始时患者焦躁不安、失眠、头痛、恶心、低热、疲倦、全身不适，在被狂犬咬伤处，有痒、痛、麻、蚂蚁游走等异常感觉，有时甚至令人难以忍受。此期大约持续 1～2 天。

（2）兴奋期。患者高度兴奋，感觉敏感，出现极度恐怖的表情，怕水、怕风，体温升高至 38℃～40℃，瞳孔放大，流涎增

多。咽肌痉挛，虽渴但不能饮水，不敢饮水，发声困难，说话不清。呼吸肌痉挛可引起呼吸困难，可视黏膜呈蓝紫色（发绀）。全身肌肉痉挛，可引起抽搐。兴奋期大约持续 1～3 天。

（3）麻痹期。患者肌肉痉挛停止，全身瘫痪，进入昏迷状态，最后因呼吸、循环衰竭而死亡。本期仅持续几小时到十几小时。一般在症状出现后的 14 天内，病人往往在肌肉痉挛后出现继发性呼吸衰竭和心力衰竭，发生昏迷而死亡。

3. 辅助检查

（1）外周血。患者外周血白细胞总数轻度到中度增高，如脱水时可达 30×10^9/升，白细胞分类中性粒细胞增多，占 80%以上。

（2）脑脊液。多数患者正常，约四分之一出现病毒性脑炎的改变，表现为细胞数及蛋白含量增多，糖及氯化物正常。

（3）病原体检查。可取病人的唾液、脑脊液、泪液或死亡脑组织，接种实验动物，分离鉴定病毒。也可用反转录—聚合酶链式反应检查感染细胞内的病毒核酸。还可用荧光抗体技术、酶联免疫吸附试验等方法检测唾液、组织液中的病毒抗原。

（4）抗体检测。可用中和试验、补体结合反应、血凝抑制试验和酶联免疫吸附试验等方法检测血清或脑脊液中的特异性抗体。国内多用酶联免疫吸附试验来检测血清中的狂犬病病毒抗体。

（5）病理学检查。在病死者脑组织海马部神经元或小脑的普倾野细胞内，可发现胞浆中的内基小体。

4. 诊断要点

有被狂犬和其他患本病的动物或者携带本病病毒的动物咬伤、抓伤史，有通过其他途径接触过狂犬病病毒的可能性。

有本病的典型症状，如恐水、怕风、怕光、怕声、咽喉痉

挛、流涎、咬伤处出现麻木、感觉异常等。据此可做出临床诊断。确诊依靠检查出狂犬病病毒或抗体。

5. 鉴别诊断

（1）破伤风，有外伤史，潜伏期短，1～2周。临床表现主要是肌肉阵发性痉挛，牙关紧闭，呈苦笑面容，无狂躁、流涎、怕水、怕风的表现。

（2）病毒性脑膜脑炎，有不同程度的高热、抽搐，但无流涎、恐水表现，有一定的意识障碍。狂犬病患者一般神志清楚。

（3）脊髓灰质炎，可见于儿童，疾病早期有发热、头痛、兴奋、感觉过敏等表现，但出现瘫痪后上述症状消失。现在本病几乎见不到了。

6. 怎样治疗狂犬病

狂犬病病情严重，发展很快，至今没有特效疗法。因此，这里特别要强调被狂犬病动物咬伤的伤口处理、疫苗接种和免疫球蛋白注射。其中，伤口处理是第一位的，伤口处理了没有，处理得好不好，在某种意义上甚至可以说比注射疫苗都重要。实践中，曾有个别病例被犬咬伤后，注射了疫苗，但仍然发生了狂犬病并导致死亡。究其原因，是没有处理或没有正确地处理伤口。在疫苗还没有来得及产生作用，也就是说，还没有产生抗体之前，病毒已经进入体内，侵入神经系统并引起了疾病。这时，任何疫苗、任何药物都无效了。惨痛的教训，人们应当牢牢记住。

（1）伤口处理：被动物咬伤后，应马上处理伤口。如当时没有条件，即使咬伤后数小时，仍应按规定程序进行局部处理。不过，最好还是立即处理伤口。处理的基本原则是，不让病毒进入体内，尽量在伤口局部将其杀死和消灭。狂犬病病毒怕酸、碱、氧气。掌握了这些特点，就会做到有的放矢。

（2）疫苗接种：狂犬病病毒是一种喜好神经的病毒，它侵入

体内并导致发病，需要较长的时间，这就为疫苗接种、产生抗体、清除病毒提供了有利时机。

（3）注射抗狂犬病血清：当被患狂犬病的动物咬伤后，可注射精制抗狂犬病血清。这是一种被动免疫的方法，就是说，注射的血清内含有大量的抗体，不用再等待人体自己产生抗体。因此，它具有明显而快速的治疗作用。

7.怎样预防狂犬病

狂犬病的预防工作极为重要，要强调预防为主，防重于治。预防狂犬病的关键是给犬和猫注射狂犬病疫苗。我国很多地区，特别是一些免疫工作做得好的大城市的经验证明，宠物，尤其是犬的预防工作做好了，就可以有效地控制甚至消灭人患狂犬病的可能。如果某只犬确实按规定注射疫苗了，即使它偶尔咬伤人，一般情况下人也不会患狂犬病。

（1）抓好犬的预防注射，防止犬发生狂犬病。养犬户要对犬进行免疫接种。

我国有个别地区，为了预防狂犬病，或在发生被犬咬伤引起人患狂犬病的病例后，采取了捕杀所有宠物犬的极端的方式。这样做的初衷我们是可以理解的，但明显属于措施不当，滥杀无辜。因为说到底，我们不可能用消灭一个物种的办法来控制某种传染病，退一步讲，即使杀绝了犬，也并不能真正杜绝人患狂犬病，因为还有其他多种动物可以感染或携带狂犬病病毒。关键的问题还是要做好动物，特别是犬的预防接种工作。按规定给犬注射狂犬病疫苗，并尽量做到一只犬都不漏，使防疫注射密度达到百分之百，就会给我们的城乡广大群众创造出一个安全、祥和的生活环境。宠物和人就会和平相处，各得其乐。

（2）坚决迅速击毙病犬或其他患病动物，严禁对患有狂犬病的动物进行治疗。

根据病犬、病猫的表现，可分为狂暴型和麻痹型两种临床类型。

狂暴型病犬的前驱期大约半天到3天。在这个时期，犬的行为和性情发生改变。比如，它常躲在暗处不理睬人，甚至对主人的呼唤也失去了反应，强迫牵拉时可能张口咬主人，有逃跑或躲藏行为。有的病犬外出不归，在野外游荡，直径范围可达40千米～60千米，或失踪后突然回来。犬食欲反常，喜食杂物；性欲亢进，不断嗅舔自己或其他犬的性器官；唾液分泌增多。接着进入兴奋期，一般持续1～7天。病犬被轻微刺激后，表现狂暴不安，发作时，可随时攻击主人或其他动物。病犬狂暴之后又转为沉郁，极度疲劳，卧地不起，有一种特殊的斜视或惶恐的表现。神志有时清楚，能重新认识主人。病犬常发生呕吐，叫声嘶哑，下颌麻痹，流口水较多，夹尾。然后病犬进入麻痹期，麻痹期一般持续2～4天，可见下颌下垂，舌脱出口外，吞咽困难，大量流口水，不久出现身体后部和四肢麻痹，病犬行走摇摆或卧地不起，抽搐，因呼吸中枢麻痹和全身衰竭而死亡。多数病程6～8天，少数可延至10天以上。还有的病犬呈顿挫型感染，即没有狂犬病的典型症状，病程很短，症状迅速消失，常可自愈。但体内存在病毒，也是一种危险的传染源。

病猫症状与犬相似，但病程短，一般在出现症状后2～4天死亡。病猫有攻击行为、麻痹症状，并常见肌肉震颤。

麻痹型病犬、病猫，在出现短时间兴奋状态后，很快转入麻痹。表现为张口，下颌下垂，舌脱出，流涎，吞咽困难。因猫行动敏捷，更接近人，在患病时，对人的危险比犬更大。

城乡群众养犬，都要栓养或圈养，不要散养。发现有患狂犬病的犬、猫和其他动物，应迅速报告当地卫生或兽医主管部门，组织人力，迅速击毙，并将尸体焚烧、深埋。

（3）对高危人群进行预防接种。

人用狂犬病疫苗是灭活疫苗。免疫功能低下的人，如艾滋病病人、进行过器官移植的病人、过敏体质者（如对花粉、鸡蛋等过敏）等，注射这种疫苗要非常慎重。正因为狂犬病疫苗不是人人都适合注射，比如40万人注射，有可能引起2人死亡，因此狂犬病疫苗的接种，不在计划免疫范围之内，它的接种不具有强制性。只有高危地区、高危人群、进行高危作业的人，才要求进行接种。对某些高危人群，如兽医、动物管理员、饲养员、宠物主人、野外工作人员或山洞探险者、接触狂犬病病毒的实验工作人员、医务人员等，应进行预防接种。

宠物所致流行性感冒的防治知识

流行性感冒（简称流感），是由流感病毒引起的一种急性传染病。病人上呼吸道症状较轻，而发热和全身中毒症状较重。

多种宠物和动物在流感的发生中起重要作用。1997年香港发生禽流感，导致12人发病，6人死亡；2003年底和2004年初，韩国、日本、越南、泰国、老挝、柬埔寨、马来西亚、巴基斯坦、中国及中国台湾等地，也发生了高致病性禽流感，越南、泰国等国已有人员因感染本病而死亡。此后，在亚洲不断有禽流感发病的报道。

流感是第一个被世界卫生组织列为全球监测的急性呼吸道传染病。流感的传播速度快，流感病毒容易发生变异，每年都有不同程度的流行。例如，20世纪以来先后发生了4次大的流行，1918年的一次流行就导致至少2000万人死亡，超出第一次世界

大战的死亡人数。据世界卫生组织2002年估计，全球每年流感病例为6亿～12亿，其中我国的发病人数可达数千万人。1998年流感流行，北京的发病率为10.1％，其中有些人死于流感引起的并发症。

1.流行性感冒是怎样发生的

引发流行性感冒的病原是流感病毒。根据流感病毒结构的不同，可分为甲、乙、丙三型。甲型流感病毒能感染多种宠物和人，而且在外环境中还容易发生变异，所以特别容易引起新型流感的暴发和流行。乙型和丙型流感病毒过去认为仅感染人，不感染动物，但我国已从猪流感病例中分离出了丙型流感病毒。看来，在丙型流感发生中动物传染源也起一定作用。

许多哺乳动物和鸟类都会感染或携带甲型流感病毒，特别是高致病性禽流感的某些毒株，主要是H5N1（病毒带有血凝素5型，神经氨酸酶1型）毒株，可能感染人，严重的因并发症可能造成患者死亡。其中比较重要的是猪、马、鸡。血清学调查结果证实，犬、梅花鹿、牛、水貂、海豹、鲸鱼、火鸡、鸭、鹅、鹌鹑、鸽子、燕子、八哥、石鸡、麻雀等，都可查出人甲型流感病毒的抗体。值得注意的是，笼养观赏鸟的国际贸易或地区性交易，已成为流感病毒的一个重要传播源。

流感患者、患流感的动物或携带流感病毒的动物，是本病的传染源。在咳嗽和喷嚏时，病毒随呼吸道分泌物排出体外，以空气飞沫的形式播散，人吸入这种飞沫就可发生感染。鸟类，包括野鸭、鹅、雁等水禽，流感病毒可从呼吸道、眼结膜和粪便中排出，造成环境和水源的污染。所以，除了空气飞沫传播流感病毒外，直接接触流感病毒污染物也可引起发病。

人流感与动物流感发生地域相一致，多为散发，病人有与发生流感的动物或患者的密切接触史。发病与性别、年龄无关，人

群普遍易感。流感多发生于冬季，一个流行周期持续6～8周。一般在发病后2～3周内病例数达到高峰。

高致病性禽流感多发生在冬、春季节。根据2004年亚洲10多个国家和地区暴发本病的情况分析，在自然界中，鹅、雁、野鸭等野禽可能是病毒的贮存宿主，但它们本身很少发病，特别是暴发本病。在这些野禽的迁徙活动中，一旦接触到鸡、鸭等易感动物，可能使这些动物发病。当病鸡、病鸭达到一定数量时，鸡舍、鸭舍的空气中病毒含量很高，饲养员等高危人群吸进大量病毒后，就有可能被感染而患病。病毒也可能通过消化道、眼结膜等引起人感染。在本病流行过程中，室内观赏鸟类，如鹦鹉、八哥等一旦患病，也有可能导致主人发病。目前还缺乏高致病性禽流感病毒直接由病人引起其他人感染的例子，但推测这也是可能的。

一般人对流感普遍易感。病愈后虽有一定免疫力，但却不能防止再次感染不同的亚型病毒。注射与现时流行毒株一致的灭活流感疫苗，有较好的免疫效果。

2.怎样诊断宠（动）物引起的流行性感冒

（1）病史：病人曾有和感染或携带流感病毒动物的接触史。在现实生活中，流感病毒既可以来自动物，更可能来自患者，而且在动物—人—动物，或人—动物—人之间，或人—人之间，引起病毒的循环甚至发生变异，这样，最终引起人的感染和本病的流行。

（2）临床表现：潜伏期1～2天，发病突然。病人发热、怕冷、肌痛、头痛、全身不适。常见眼结膜发炎、流泪。上呼吸道炎症较轻，表现为干咳、喷嚏、流鼻涕。病程短，一般2～7天可以康复。婴幼儿及老年患者或免疫低下的病人，一旦感染了流感，病情较重，可出现高热不退、全身衰竭、剧烈咳嗽、血性痰

液、呼吸急促及发绀。双肺有干性啰音，X 线胸透，肺部有阴影。继发肺炎球菌、葡萄球菌等细菌感染时，病情加重，严重者可死于呼吸衰竭和循环衰竭。

由禽流感病毒 H5N1 亚型所引起的人流感，潜伏期一般在 7 天以内。起病比较急，早期症状与一般流感相似，表现为发热、流涕、咳嗽、咽部疼痛等。体温 39℃以上，可持续发热 2～3 天。有一部分病例出现恶心、腹痛、腹泻等症状。以后大约一半病人发生肺炎，X 线胸透见肺实质性炎症病变和胸水增多。多数病例为轻症，预后良好。有极少数病人，主要是 12 岁以下的儿童，肺炎可进一步发展，引起呼吸窘迫综合征，表现为肺出血，肌肉疼痛，骨疼痛，严重的甚至并发肾功能衰竭、败血症性休克而导致死亡。

（3）辅助检查

外周血。患者外周血白细胞数增多，可达（2～18）×10^9/升，淋巴细胞所占百分比降低，血小板计数正常。骨髓增生活跃，但严重病例可出现全血细胞减少。

病毒分离。为最可靠的诊断方法，是从患者呼吸道分泌物中分离到流感病毒的相关亚型，并与当地动物流感病毒亚型作比较。

病毒检测。用荧光素标记的抗 H5 或 N1 的单克隆抗体，对病人呼吸道分泌物进行直接免疫荧光染色或用反转录—聚合酶链式反应检测病毒抗原。

抗体检查。可用酶联免疫吸附试验等方法检查本病的特异性抗体。

（4）诊断要点，散发性流感病例的诊断是比较困难的，可参考以下几个方面：

询问病史，有密切接触流感病禽和其他动物或流感病人史，

约 1 周内出现流感样症状，可怀疑为流感。

出现流感的临床症状。

根据实验室检查，特别是病毒和抗体的检查结果，可作出明确诊断。

（5）鉴别诊断：流感与普通感冒或其他呼吸道病毒感染很难从临床症状上加以区分。血清学检查流感抗体或做病毒分离有重要诊断价值。

3.怎样治疗流行性感冒

对流感的治疗，目前尚无特效疗法，主要采用对症治疗，包括解热镇痛和支持治疗。对儿童患者忌用阿司匹林，对继发的细菌性肺炎要积极控制。金刚烷胺和甲基金刚烷胺具有抑制甲型流感病毒的作用，能缓解症状，减轻发热，加快疾病的痊愈。

4.怎样预防宠（动）物所致的流行性感冒

（1）监测宠（动）物传染源

加强对猪、禽、笼养鸟的疫病监测，发现有流感流行，要对有病动物进行严格隔离、治疗和观察。一旦发现高致病性禽流感，应坚决捕杀和销毁病鸡，对疫点 3 千米以内的鸡、鸭也要强制性捕杀，对环境进行彻底消毒，以防传染给人。迁徙的候鸟可能带有高致病性禽流感病毒，因此养鸡场、养鸭场应当远离候鸟栖息的水源，防止发生感染。

发生流感的鸡和其他禽鸟，潜伏期 3～5 天，最短几小时，最长可达 21 天。所以，当疫区最后一只病禽死亡或被捕杀后，应再观察 21 天，并做好严格的环境消毒，确无新病例出现，才能解除隔离。感染的鸡多数可在没有任何症状的情况下发生大批死亡，有的病鸡出现发热，体温可达 41.5℃以上，精神委顿，食欲减退，可转变为高度萎靡和昏睡。多数病例表现出呼吸道症状，按压鼻孔可流出灰红色黏液，打喷嚏，头颈向上张口吸气。病鸡的

头、颈部常发生水肿，腿部皮下可见水肿和出血。

猪流感潜伏期平均为4天。突然发病，体温升高，食欲减退，甚至拒食，精神委顿，肌肉、关节疼痛，常钻卧在垫草中不愿站立。呼吸急促，常呈腹式呼吸，夹杂阵发的痉挛性咳嗽。眼和鼻腔流出黏性分泌物，粪便干燥。如无并发症，可在6～7天后康复。如有继发性细菌感染，可能使病情加重，甚至发生死亡。

（2）对易感人群进行预防接种

接种流感疫苗是预防流感的有效措施。世界卫生组织每年都会分析当年可能造成流行的疫苗株，向全球公布，并推荐给疫苗生产厂家。但并非人人都适宜接种流感疫苗。现在接种应用的流感疫苗的有效成分是从鸡蛋中提取的，对鸡蛋蛋白高度过敏的人，可能发生急性超敏反应。因此，对鸡蛋过敏者禁止接种流感疫苗。此外，急性发热性疾病患者、慢性病发作期病人、怀孕3个月以内的孕妇、格林巴利综合征患者、严重过敏体质者及医生认为不适合接种的人，也都不能接种。接种灭活流感疫苗成人每次1毫升，皮下注射。间隔6～8周，再加强免疫1次。保护性抗体能在人体内持续1年。以后每年秋天均需加强注射1次。如果换用新的亚型疫苗，应重新免疫注射。但要注意，12岁以下的儿童不能使用全病毒灭活疫苗。

甲型流感疫苗接种对象主要是健康成年人。疫苗用生理盐水按1：5进行稀释后，用于鼻腔喷雾接种，两侧鼻腔各喷0.25毫升。免疫期为6～10个月。

目前，我国禽用的针对流感病毒H5N1亚型的疫苗已研制成功，并在养鸡生产实践中发挥了很好的作用。

（3）药物预防

流感流行时，抗生素治疗是无效的。但易感人群及尚未发病的人，可服用某些药物进行预防。

此外，在流感流行期间，应保持房间通风，尽量避免封闭空间；注意和流感病人及陌生人保持安全距离；多参加有氧体育锻炼；养成经常洗手的习惯；保证充足的睡眠。

（4）为避免人感染高致病性禽流感，专家建议：

避免接触有病的鸡、鸭等禽类动物。

虽然尚未证实禽流感病毒可由病人直接传染人，但应尽量避免与禽流感患者接触。

禽流感病毒经 70℃ 加热 10 分钟、100℃ 加热 1 分钟可被杀灭，因此食用煮熟的禽肉、鸡蛋等不会感染病毒，但应避免食用活的或未煮熟的鸡、鸭和半熟的鸡蛋。

在疫区的人员要戴口罩。

要勤洗手。

应避免用手接触自己的眼、鼻、口。

禽流感和流行性感冒相似，有发热、咳嗽等症状，而且短时间内加重，并伴有肌肉疼痛、骨疼痛等症状，应及时就医。

学生安全防范丛书

宠物伤害事故防范知识

第二章　了解宠物的行为和习性

了解犬的心理行为，将有助于我们更快地成为犬的朋友，理解犬的行为，沟通与犬类的感情，使犬成为人类真正的伙伴。

学生安全防范丛书

宠物伤害事故防范知识

犬是一种感情很丰富的动物。在犬与犬之间或犬与人之间的交往过程中，也有哀、喜、乐、怒、恐惧与孤独等情感。犬具有丰富的心理活动，不同品种的犬及同品种的不同个体都具有不同的性格、气质，即便是同一只犬在不同的环境条件下，也会有不同的情绪表现出来。犬在认识新的环境的时候，通常表现出好奇、探究、分析、认识等心理行为。伴随着环境变化，犬的心理也逐渐发生改变。犬在不同的心理状态下，会表现出不同的行为。

了解犬的心理行为，将有助于我们更快地成为犬的朋友，理解犬的行为，沟通与犬的感情，使犬成为人类真正的伙伴。而且只有根据犬的不同气质，采取有针对性的方法，因"犬"施教加以引导，才能取得训练的成功。另外，研究犬的心理，方能对犬表现心理状态的一系列行为有本质的认识，因而才能理解爱犬表现各种行为时的心理需求。

1. 等级心理行为

犬具有较为理智的等级心理，这种心理沿袭于其家族顺位效应，它们的这种心理行为可以维系犬群的安定，避免无谓的斗架，从而保证种族的择优传宗，繁衍旺盛。

在犬群中，犬非常清楚自己的等级地位，对于自己的地位是不会弄错的。同窝仔犬在接近断奶期时，便开始了决定等级的争夺战。战争的开始并没有性别差异，经一段时间后，出众的公犬就会统领其它犬。在犬的家族当中，是根据年龄、性别、才能、

体力、个性等条件决定首领的。往往年龄大、个性强和智慧高的公犬为"领导"。"领导"拥有至高无上的权力，家族中的其它成员只能顺从它的统治。对仔犬而言，父母是当之无愧的领导者。年轻的仔犬发现了某种情况，并不会立即独自跑过去，而先是站起来，以等待指示般的紧张表情回头看"领导"，如果"领导"不理它，依旧躺着，那么这只年轻犬心里虽然很想动，但也不得不再度地在原地坐下来。

犬对人的等级也比较了解，并且基本上与我们人类所认定的等级一致。例如主人、妻子、小孩、客人的顺序。在所有驯养的动物中，犬是一种最适合和人生活在一起的动物。犬能顺从主人，听从指挥，建立互相理解、信任的关系。人与犬之所以能够密切相处，是由犬的等级心理所决定的。在犬的心目中，主人是自己的自然领导，主人的家园是其领地。在观察中我们发现：犬对一家人的话并不是都一一服从的，而只是服从自己主人的命令，只有主人不在时，才会服从其它人的命令。这表明了在犬的心目中，主人是处于最高等级的，其它人是处于次要等级，而自己是处于最低等级的。犬在其等级心理的支配下，还会想方设法亲近主人或最高地位者，以获得他们的保护和宠爱，在首领的影响下提高自己的等级。正是犬的这种等级心理，犬才会对主人的命令加以服从，才会忠诚于主人。倘若犬对主人的等级发生错误的认识，则会出现犬威吓、攻击主人的行为。

2.占有心理行为

犬有很强的占有欲，十分重视对自己领域的保护。对自己领域内的各种财产，包括犬主人、主人家园及犬自己使用的东西均有很强的占有欲。因此，养犬看家护院才会如此有效。

犬表示占为己有最常用的方法是排尿作气味标记。犬有贮藏物品的行为，这也是其占有心理的表现。我们常见犬将木球、石

头、树枝等衔入自己的领地啃咬、玩耍。台湾犬心理学研究者安纪芳所养的一只名为"伊丽丝"的犬，还擅长将占为己有的物品贮藏起来，趁主人及其它同伴不在时，偷偷地拿出来玩。这些事实都说明除了食物，犬对于其它嗜好品也都视为私人财产并有强烈的占有欲。

公犬在配种期间，并不喜欢人或其它犬接近它和母犬的居住地，似乎怕人们夺走它的"爱人"，这表明了公犬对母犬也存在占有心理。犬的占有心理常会导致犬与犬之间的争斗。另外，正是因为犬对主人有占有心理，才使护卫犬面对"敌人"能英勇搏斗，保护主人。

3. 怀旧依恋心理行为

对故土的留恋心理被称为怀旧依恋心理或回归心理。犬比人有更为强烈的回归欲望，它们超强的回家能力便是犬怀旧心理的最好体现。犬与主人相处一段时间后，便会与主人建立深厚的感情，而且饲养的时间越长，感情便越深厚，这种依恋心理表现得就越为突出。

犬对人的依恋与忠诚，通常表现在两个方面。一是犬往往极力维护主人的一切利益，会尽自己全力满足主人的意愿。犬对主人的情感，胜过与同类的感情。这种对主人的依恋心理是犬忠诚于主人的心理基础，犬可以奋不顾身地保护主人，也可以仗着主人的威势侵犯他人，也就是人们常说的"狗仗人势"。二是对主人忠诚的犬也表现为受到主人的责骂甚至暴打时，也不会反抗。这也是辨别一只犬是不是从小就与主人在一起的一个重要标志。

在日常生活中，犬依恋于主人。见到主人后，总是迅速跑上前去，在主人的身前、身后奔跑跳跃，表现出特别高兴。犬既可从主人那里得到食物、爱抚、安慰、鼓励和保护，也可因为犯有"过错"而受到主人的责罚。但犬始终相信，主人是永远不会抛

弃自己的。

4. 探究心理行为

在犬的生活中，时刻被好奇心所驱使。当犬发现新目标，通常会用好奇的目光对其专注，表现出明显的好奇感。然后用鼻子嗅闻、舔舐，甚至用前肢翻动，进行仔细的研究。好奇心促使犬惯于奔跑、玩耍。犬来到一个陌生的环境时，会在好奇心的驱使下，利用其敏锐的听觉、视觉、嗅觉和触觉去认识世界，以获取经验。

犬的好奇心有助于犬智力的增长，犬的好奇心用专业的术语来说是一种探求反射活动，在好奇心的驱使下，犬会表现出模仿行为和求知的欲望。这种心理行为为驯犬提供了极大的方便。犬的牧羊模仿学习是一种很重要的训练手段，其训练基础便是充分利用幼犬的好奇心。幼犬通过模仿，便能从父母那里很快学会牧羊、捕猎的本领。

5. 寂寞心理行为

犬生性好动，不甘寂寞。与主人相处时，以主人为友，依赖于主人。因此，犬将主人作为自己生活中不可缺少的一部分。如果失去了主人的爱抚，或长时间见不到主人，犬往往会意志消沉，烦躁不安，甚至会生病。因此，我们常见在运输犬的途中，将犬关在一个四周闭合的木箱中，犬会大闹不止，这是因为犬感到了和人类朋友的隔绝。这些充分说明，犬存在着孤独心理。这种孤独抑郁的心理状态对犬来说是一个致命伤害，有时会引起犬的神经质、自残及异常行为的发生。为此，在犬的饲养管理、训练的过程中，要保证有足够的时间与犬共处，以消除犬的孤独心理，增进人和犬之间的情感。

6. 惧怕心理行为

犬害怕声音、火光与死亡是人所共知的。未经训练的犬对雷

鸣及烟火具有鲜明的恐惧感。飞机的隆隆声、枪声、爆炸声及其它类似的声音，都是犬害怕的对象。犬在听到剧烈的声响时，首先表现为震惊，接着便会逃到它认为安全的地方去，比如钻进屋檐下或房间里，缩着脖子钻到狭小的地方伏地贴耳，一副很受惊的样子。当声音停止之后，它们的心情才会得以平静。这种恐惧声音的行为是一种先天的本能，是犬在野生状态下残留的心理。克服犬的这种恐惧心理，是犬能否为人类工作的关键所在。从仔犬时便应进行声响锻炼，以适应这种刺激。除声音外，惧光的犬也不在少数，这也源于自然现象中的雷声与闪电，犬将这两者联系起来，并不能分清其因果关系。另外，大多数犬都讨厌火，但并未达到极度恐惧的程度。根据犬的这种心理及变化的过程，社会化期幼犬的环境锻炼是很重要的。

7. 欺骗心理行为

欺骗撒谎并不是人类的专利，犬也有欺骗撒谎行为，并且有时撒谎伪装的手法还很高明。在众多的犬种中，北京犬是很会撒谎的。一个很有名的例子，犬有在垃圾堆翻找物品的习惯，因此而受到主人的惩罚，所以在日后的日子内，这只犬如果在垃圾堆翻东西，主人如果突然呼叫它，它绝不会立刻走到主人身边，而是先往反方向的草地跑，然后才回到主人身边。这是一种常识性的隐瞒自己过失的行为，也就表示它不在垃圾堆，而是在草地的欺骗方法。在这个事例中，我们也可以认为，犬是害怕主人惩罚而逃跑，而强烈的服从心理迫使犬又回到了主人身边。在工作犬的训练中，犬也会表现类似的"撒谎"现象。例如犬在气味鉴别时，可能不是很专注地分析气味，而是看着主人的表情再决定它的反应结果。这种习惯的形成，与人的训练技巧有关，往往是由于主人在训练时对犬的奖励不在恰当时机，犬为吃食而缩短奖励时间造成的。

8.嫉妒心理行为

当有新的仔犬进入后，原来的犬会有很长一段时间郁闷，甚至威吓或扑咬这只新来犬。针对犬的这种心理，我们在与犬的接触过程中必须注意，在自己的爱犬面前，切忌轻易流露对其它犬及动物明显的关切，以免发生意外。

犬顺从于主人，忠诚于主人，但犬对主人似乎有一个特别的要求，就是希望主人永远喜欢它自己。而当主人在感情的分配上厚此薄彼时，往往会引起犬对受宠者的嫉恨，甚至因此而发生争斗。这种嫉妒是犬心理活动中最为明显的表现形式。这种嫉妒心理的两种外在行为表现是冷淡主人、闷闷不乐以及对受宠者实施攻击。在犬的家族中，因争斗而形成的等级维持着犬的社会秩序。主人宠爱其中某一条犬，这是主人的自由，而对犬群来说，则是一个固定的等级，即只能是地位高的犬被主人宠爱。若地位低的犬被主人宠爱，则其它的犬特别是地位比这条犬高的犬，将会做出反应，有时会群起而攻之，这是犬嫉妒心理的表现。有些学者认为，这是犬将主人作为领土一部分的行为表现。

9.复仇心理行为

与人相似，犬也具有复仇这一心理。在犬之间的交往中，会同样表现出因复仇心理诱发的复仇行动，并且，犬还会利用对方生病、身体虚弱的时候伺机复仇，甚至会在对方死亡之后还怒咬几口。犬往往通过其嗅觉、视觉、听觉，将憎恶自己的对手牢记在脑海里，在适当的时候就会实施复仇计划。犬在复仇时，近乎疯狂，很有置对方于死地之意。一些凶猛强悍的犬，对待为它治病打针的兽医师，总是怀恨在心，伺机报仇。现实中发生过不少这样的犬伤兽医的事例。

10.求奖心理行为

犬求奖的目的是为了邀功获得奖赏。当一只猎犬获取猎物，

将猎物交给主人时，往往抬头而自信地注视主人，等待主人夸奖或给它食物。这种邀功心理是被人驯化后发展进化的心理活动。人们在训练犬时，往往以奖赏作为训练的一种手段，当犬完成某一规定的动作行为时，总是以口令或食物予以奖励，这种训练形式强化了犬的邀功心理，有时犬是为了获得这份奖赏而去完成某件事情，甚至发生争功行为。在平时的训练过程中，应注意培养犬的这种求奖心理，在表扬、奖食上要慷慨大方，满足犬的邀功心理，尤其在犬完成某一动作，表现自信地邀功时，更应及时地给予奖励，强化训练意识，促使犬在日后为人类的工作中，更好地完成所要求的任务。

11.时间观念

有很多的例子都可以说明犬具有很强的时间观念。犬的时间感是一种节奏。利用犬的时间观念可以提高犬对工作的兴奋性和主动性。

了解宠物犬的行为表达方式

犬类具有多种多样的行为方式，并能通过姿势、肢体动作及声音等表达出来，以此来和主人、同类及其他动物进行沟通和相互理解。

1.眼睛

（1）犬的视觉特点

犬的视觉系统的特点决定了它无法看清静止的目标，因此就会对活动的目标格外敏感。对犬而言，移动的目标就像是一个"侵略者"，随时有可能侵犯它的领地，但是谨慎的天性又不允许

犬贸然出击，所以它就使用紧盯着某人或物的回击方式警告对方，颇有迎接"挑战者"的意思，同时随时等待时机想"教训教训"那个不懂规矩的家伙。此时不要低估犬的"实力"，因为当人高马大的你与它对视的时候，就会使它产生威胁感，它很有可能会冲上来，并向你吠叫。但是，如果你想让犬顺从，要让它服从你的威慑，那就应与它直视。此时要做的事情是蹲下来，使自己的视线与它平行，平息它的敌意，然后再盯着犬的眼睛，在眼神中让它了解你是不可战胜的。犬的视觉较差，对物体的感知能力仅限于该物体所处的状态，固定目标在 50 米以内能看清楚，运动的目标，则可以感知到 825 米以上的距离。

（2）犬的目光闪亮并且炯炯有神

那表示它的心情是当下最好的时候。例如，当犬受到奖励非常高兴时、遇到新伙伴时感到兴奋或者准备淘气的时候就会有这个表情。如果在你回家时，犬的目光闪亮，就不要犹豫，快快抱起它，给它最好的一个拥抱，然后和它一起玩耍吧！没有什么比这再好的了！

（3）不停地眨眼

美国爱宠专家凯特·萨丽斯蒂·麦特隆的一项研究表明，一只成年犬的智商相当于 3 岁儿童的智商。因此，与儿童一样，犬同样有惶恐、不安与渴望被关注的心理需要。不停地眨眼睛则表示它被冷落后的不安和对你不停的"忙碌"表示不满。犬生性"贪玩"，可不要因你的忙碌而忽视了它的感受啊。当它有意走来向你"亲近"时，说明你已经令它"寂寞"很长时间了。它需要你用足够的时间陪它欢笑和跑跳，别对它吝啬你的时间和爱抚。

（4）瞳孔张大

任何一种犬类均有"好斗"的天性，即使是宠物犬也不例外。它们都有很强的权力意识和地盘的管理意识，当它认为有

"人"即将争夺或侵犯它的地位时首先会在面部表情上作出反应，让对方知道它已经发怒了。此外，犬在恐惧的时候也会张大瞳孔、眼睛上吊，企图用凶狠的眼神来掩饰自己的胆怯，不让自己在气势上输给对敌方。放大的瞳孔还能将对方的印象印在眼睛里，同样也是为了恐吓敌方。因此，用同样坚定的眼神看着它，记住要目不转睛地正视，让它知道你的权威不可侵犯，达到用眼神"征服"它的目的。此外，如果犬受惊吓程度比较严重，还应用轻柔的声音和肢体的接触让犬得到安全感，如用手顺着被毛轻抚或轻拍它的背部等。

（5）故意回避对方视线

若犬的眼神变得左右飘忽不定，不敢直视，与主人或其它犬对视时眼神会自动闪开，飘到其它地方，那往往是正处在害怕、紧张中，它用这种游离的眼神来躲避主人的盛怒或者避免与其它犬发生正面冲突。如果犬因为做错事而眼睛做出这种动作，不要一时心软放弃惩罚，这样会使犬养成"侥幸"的心理，认为以后再做错了事情用同样的方法就能逃避惩罚，所以，主人一定要"秉公执法"。

（6）警觉环视四周

当犬被独自放置在一个陌生的场所时，出自本能会警觉地环视四周，对新环境进行"考察"，这表明犬在心理上对新环境存在着不安，它需尽快熟悉周围的环境。因此，给犬一点时间，让它对新环境有一个了解的过程。如果家庭成员较多，不妨让家人轮流在犬面前走来走去，使犬能够记住这些"移动的目标"，以免家人突然出现会被犬犬视为入侵者而发起攻击。

（7）眼睛湿润

犬在与人交往的几万年时间当中，已经逐渐退化了原始的野性，特别是家养的宠物犬，它们有着和人一样细腻的情感。它们

会生气，也会难过。当受到你的不公正的对待或是无端的指责时，看看它那湿润的眼睛，那是楚楚可怜的，这是它在向你哀求呢。因此，这时候的它一定是受了很大的委屈和打击，看那无辜的表情，不要再问原因，它一定攒了1000个伤心地理由，是你该花时间安抚它的时候了。

（8）对即将靠近的人目露凶光

犬的权力意识很强，当它认为它的领域或者权力受到侵犯时，会毫不犹豫地对侵犯者示威。面对这样一只潜在威胁的犬，要做的是停止在它面前的任何活动，如靠近它或在它控制范围内夺取物品。此外还应避让它的目光，这样能够避免与犬的正面冲突，让它知道对方并不是在挑衅它。

2. 犬的耳朵

（1）犬的听觉特点

犬的听觉很发达，是人的16倍左右，对于人的口令或者简单的语言，可以根据音调、音节的变化建立条件反射，从而完成任务。

（2）耳朵向前

耳朵向前是犬自信的表示，这时候的它一定在得意地盘算自己的回头率呢！例如，打了"胜仗"、刚做完美容、受到主人表扬的犬等都会在众人和众犬面前显得得意洋洋的。那我们就别打扰它了，让它继续享受它的自信吧，自信的犬也会让主人的心情变得大好的。

（3）旋转耳朵

犬的耳朵可以很灵活地旋转，在听到它感兴趣的声音或奇怪的声音时，就会把耳朵转向声音传来的方向，这说明犬是在打探消息。

当有突然的声音出现时，犬的好奇心便按捺不住了，它的耳

朵会下意识地寻找声音的方向，直到辨认出来源。如果你的犬是个"好事"者，也许还会顺着声音的方向一路寻过去。哪怕只是停留在你家门外的行人，它也要跑过去看个究竟，这样的伙伴实在是够细心的了。

若想让它不旋转耳朵，那就需要解除它的警惕心，让它无暇去关注。方法一是轻轻抚摸犬的被毛，让它在主人的关爱中得到安全感；方法二是主人跟犬游戏玩耍，转移它的注意力。

（4）耳朵突然竖起

犬耳朵突然竖起，表示它当时精神高度集中，警戒的原因有可能是出现什么危险了，也可能是自己的"仇人"找上门来"挑衅"它了。总之，出现了这个姿势就表明它随时要准备出击了。它对威胁者的报复已经显示得跃跃欲试了。此时，主人要做的就是上前去安抚它的情绪，用手绕过它的头顶，轻轻地扶在它的背部，告诉它一切安好。

（5）耳朵向后贴伏

耳朵向后贴伏是犬示弱的表现，这时候的它一定碰到了对手。如果在面对别的犬或是人的时候犬把耳朵贴伏下去，这是它的一种顺从表现，说明它认为来者比它的地位高，它不会攻击对方，并且邀请对方与自己一同玩耍。若对方并不"领情"，犬的耳朵就会贴得更紧，表现出恐慌、焦躁不安，这是在告诉对方："别把我惹急了，再威胁我的话，我就要反击了"。主人这时要表现出接受犬"求和"的邀请，并且尽量将自己最亲切的一面显现出来。如果犬还存有戒心，那就用它最爱的玩具作为"和好"的途径，拉近与犬之间的距离感。

（6）耳朵直立

这是犬警觉或是发现新事物的信号，表示此时它正在全神贯注地"搜索"敌情或有趣的事情。对于好奇心或攻击性很强的犬

来说，耳朵竖起还有可能是它对某种目标发出疑问或警告。对犬发出的"信号"可不要忽视，如果是因为发现"敌情"而竖起耳朵，不妨去看看它的"警告"，让它知道主人在第一线出现，处理它"报告"的问题，从而加深犬与主人之间的"心有灵犀"。如果是犬发现新鲜事物或有趣的事情，不妨向犬做"介绍"，犬对于知识渊博的主人将会是无限崇拜的。

（7）耳朵周围毛发竖立

耳朵周围的毛发竖起有两种情况。一种是犬正处在害怕、恐慌中的表现。通常情况下，犬被严厉地责骂后或遇到了比自己更强大的对手时通常会感到恐慌，且随害怕的程度不同，耳朵也有不同的变化。轻度恐慌时会毛发竖立，极端恐慌时不仅毛发竖起，就连耳朵也扭向后方。另一种是可能犬正准备"策划"一场攻击，即做出攻击性动作的信号之一。当犬感到害怕时，应尽快将它带到比较熟悉的环境，让它嗅到熟悉的味道。如果可能的话，用温和的语气与它交流，告诉它你就在它的身边。当犬准备攻击时应及时制止，必要时要利用主人的权威性来制止它。

3. 嘴巴

除了用来进食和嚎叫之外，犬的嘴在日常生活中也有很多的作用，如移动物品、取报纸、咬斗、拉拽……同时，嘴部的细节变化，也能透露出犬此时的心情。

（1）嘴微张

如果犬的嘴巴只是单纯地微微张开，并没伴随其它动作，说明此时感觉非常无聊，相当于人的发呆。如果在张嘴的同时，犬还像打哈欠一样发出"啊啊"的声音，它是在用这个举动来告诉你，它在等待一个玩伴呢！此时不要让无聊的犬独自呆在房间里，特别是没有经过训练的小犬，因为它们很可能为了自己寻找"乐子"而"发明"一些具有破坏性的游戏，如啃电线、咬衣服、

抓沙发罩等行为。

（2）张嘴露出牙齿

如果犬在露牙齿的同时将嘴巴也张得很大，说明它并不是在表现攻击性的敌意，而是不敢相信眼前的一切，非常害怕，只要有机会就会逃之夭夭，绝不会在原地停留片刻。如果强大的犬看到弱小的犬害怕时，就会打哈欠告诉对方自己并无恶意。所以，主人也可以用这种方法安慰犬，犬会识别出打哈欠的意思。

（3）嘴唇上卷，露出部分牙齿

犬在人类心目中的印象总是忠诚、老实、善解人意的，确实，多数的时候犬可以温良、服从，可在面对"利益"时不会轻易退让，如果有"觊觎者"，它便会用这个动作来证明自己是不可侵犯的。例如，在面对"地盘"和"食物"遭受侵犯时，犬就会不顾一切与对方打斗、争抢，以维护自己的权益。犬都有争强好胜的心理，在众犬面前就更要显示自己的威武，也往往会在主人面前用争夺的胜利来表现自己的优秀，从而发生多犬抢夺的场面。如果犬不是斗犬的话，就要尽量避免因分配不合理而给它们带来的"利益冲突"。

（4）吐舌头

可不要以为犬对你吐舌头是在给你做非主流的鬼脸，那是在说明：好热好热。原因是犬的汗腺不发达，在炎热的天气只能靠吐舌头来排热量。一般来说，犬在夏天吐舌头是非常常见的现象，但有时冬天也会吐舌头，例如寒冷地带的犬（哈士奇犬）由于习惯了温度极低的环境，只要温度没有达到自己的寒冷标准也会继续吐舌头散热的。因此贴心的你不如给它一杯水，它会对你感激不尽的。另外，如果非寒冷地带的品种犬在冬天也常吐舌头，则有可能是患了胃肠疾病，还是应尽早咨询医师。

（5）舔舐

犬舔舐主人具有以下几种含义：第一，向比自己强的人表示敬意和服从；第二，感觉不安或惊慌，用舔舐的方式让自己镇定一些；第三，感到饥饿，在向主人索取食物；第四，安抚主人，这是犬的本能，出生不久的小犬就依靠舔舐的方式来增加与母亲和兄弟姐妹之间的情谊。当你的犬热烈亲吻你的时候，奖励给它肉骨头要比亲它一下更令它高兴！不要粗暴地拒绝犬的舔舐，这将让它非常伤心。但应当注意的是，主人不要主动亲犬，这种做法会使犬误认为主人是在向它讨好，极易将主人的权威置之不理，形成"老大"的心态。

4.鼻子

犬的嗅觉是世界上最灵敏的，在这里要告诉大家，犬的鼻子不光具有嗅觉功能，还有表达情感的的作用。

(1) 鼻子里发出"呵呵"的鼻音

鼻子发出"呵呵"的声音那是犬对你撒娇呢，它要告诉你玩耍的时间到了。这时候的犬希望你放下手中的工作和它一起游戏。这种鼻音是友善的邀请，摇动尾巴是开心，并表示自己正处在性情高涨的状态。如果犬偶尔会做出这个动作就有可能不是在撒娇，而是因为鼻腔功能的减弱，在感觉稍微不适时的本能反应。因此要弄清犬鼻子发声的真正原因，如果是因为撒娇，就不要忍心让它孤独，尽快加入它的游戏当中；如果是因为身体不舒服，就要及时就医。

(2) 嗅

犬的大脑内没有人类强大的思维系统，它后天的一切"好"、"憎"以及对人或物的记忆都是用嗅觉来判断的。因此，它总是像没头苍蝇一样乱闻一通，用鼻子先"审查"一番。如果面对一只陌生的犬对你嗅来嗅去，那说明它正要试图接近你。别紧张，那是它对事物认识的一个过程。将你的胳膊或腿大方地伸给它

吧，这是建立你们友谊的第一步。如果是一只和你很熟悉的犬，那也许是它在你身上发现了与平时不同的"情况"，如新朋友的香水等。

（3）撞

不要以为犬用鼻子撞你是说明它生气了。其实恰恰相反，那是它表达喜悦的一种方式。这种情况多发生于幼年犬，随着年龄的增加而逐渐消退，用鼻子撞主人身体的行为也会被明快的"汪汪"声所取代。不过，连续的猛烈撞击也不排除另外一种可能——愤怒，通常情况下，犬遇到不公、紧张、持续性饥饿的情况时都会有撞击物品的举动。因此，如果你的犬在你进门的时候兴奋地对你撞击，那么快快抱起它吧，给它一个拥抱是最好的奖励。面对愤怒的犬你就要用爱抚来沟通了，记住一定要坐下，让它觉得你和它是平视的，让它在心理上有安全感，如果爱抚仍然不能平息它的愤怒，那就用美食来诱惑吧。

（4）舔鼻子

舔鼻子是犬的一种正常反应。鼻子是犬五官里最为敏感的器官，小小的鼻尖上有上万条感觉神经，用舌头舔鼻子对敏感的神经中枢起到镇定的作用。通常一只刚刚激战过的犬会在纷乱过后用舔鼻子的方法让自己放松下来。这一动作是犬的自然动作，主人不要过于担心。如果犬舔鼻子的行为与平时相比过于频繁或剧烈，那就应该留意了。这个时候的犬或是口渴，或是极度的情绪烦躁。因此，你要做的是把它抱在怀里，用你的抚摸平息它那刚刚落定的心神。如果犬的舌头不停地舔鼻子，一遍又一遍，那是它口渴的表现，送给它一杯水吧。

（5）故意用鼻子蹭某种物品

犬是由狼进化而来的，所以在某种程度上还留有狼的习性，如对猎物的追捕。它之所以故意蹭撞物品，并将它们故意撞翻，

是因为他要对认定的"猎物"开始围剿了。发现猎物的犬就像发了神经一样会把全身的力气集中在鼻子上，然后故意蹭某种物品，把它们弄翻，再东闻闻西闻闻，寻找它认为"可疑"的蛛丝马迹。哪怕猎物只是一只几天没洗的袜子，也会不厌其烦地把它找出来，甚至乐此不疲。更重要的原因是，犬在用鼻子蹭的过程中会将自己的气味留在物品上，表明这个物品是它的"标的物"，其它人是不得占有的。

（6）用鼻子试探、接近

犬靠近人或物时首先是用鼻子嗅或试探，当它觉得没有危险时才会小心地进一步靠近。原因是犬对人类世界充满好奇，每一处对它来讲都是稀奇的，所以我们才总是会看到犬们东闻闻西闻闻的，那是它对环境的"勘察"，通过嗅觉和触觉判断那"可疑物"的善恶。同时那也是它的一门重要的实践课。

5.尾巴

有人说，犬的情感表达是十分匮乏的，只能用叫声和头部动作表达自己的心声，这种说法过于狭隘了。犬表达情感的方法很多，例如作为"心灵透视镜"的尾巴就能将犬的心情表达得淋漓尽致。

（1）尾巴静止不动

尾巴是犬传达信息的一个工具，如警告、快乐、示爱、讨好等，但当犬的尾巴静止不动时并不意味它中断了与外界的联系，而是此时显示出不安，因为它不确定对方将要做的行动，因此只好用不安的心来静静观察着。这种情况经常发生在主人准备离开家的时候，此时的犬或有强烈的不安和孤独感。这时要做的是抱起它并轻声地安慰它，让它知道你只是短暂的离开，从而帮它摆脱心理上的困境。

（2）尾巴轻摇

那是犬向对方发出的友好信号，也是犬无声的问候。如果这个动作是对它的"犬友"发出的，表示它们正在游戏中，并且心情很愉快。不过，轻轻摇尾巴只是犬的一般友好表示，当它尾部剧烈摆动并带动臀部晃动时，那一定是犬的特殊朋友出现了，通常是久别重逢的问候。如果轻轻摇尾巴的动作是对主人发出的，表示它对主人充满了期望，希望主人能够满足它微小的愿望。当然，摇尾巴并不全是友好的表示，当你看到犬摇尾巴的方向是左右画圆的，那是它在向你警告：不要靠近我。如果它死盯住一个目标，并开始用力且缓慢而僵硬地晃或急促地摇尾巴时，就意味着它正处于警戒状态，随时都有可能发起攻击。所以，不要认为陌生的犬摇尾巴就是表示喜爱，一旦误解它的意思而贸然行动，会让犬因为害怕而做出伤害你的举动。因此，对于不熟悉的犬，还是不要过于亲近为好。

(3) 尾巴向下耷拉

不少人认为，尾巴向下耷拉就是犬不安和害怕的表现，其实它在请主人宽恕而撒娇时也会把尾巴垂下来，向下耷拉的尾巴比较接近后腿，并用无辜的眼神看着主人，直到主人的感情防线被它的亲情战术所征服。如果尾巴只是稍微向下，并且离后腿较远，说明犬只是比较放松而已。如果犬将耷拉的尾巴夹在肚子底下藏起来，说明此时犬悲伤或害怕。对于沮丧的犬，惩罚的时间不要太长，情绪低落表明它已经意识到自己的错误，以后会尽量不再犯相同的错误。对于比较放松的犬，趁它心情不错快给它洗个澡吧，心情愉快的犬对任何事都会说"好"的。如果是夹着尾巴的犬，此时不要给它任何刺激，例如大声吆喝或转身就走，而是应当保持镇定，让犬认识到对方并没有威胁性。

(4) 尾巴翘起

如犬的尾巴介于平行位置和垂直位置，表示犬这时的支配欲

很强。如果翘起的尾巴比较僵硬，说明犬现在敢于挑战任何人或同类。如果翘起的尾巴比较柔和，表示犬此时非常自信，但不会做出任何过激的动作。如果尾巴向上翘的同时有点卷起，表示犬不但自信且充满了支配欲，它正期待接受别人的赞赏，以满足自己小小的虚荣心。因此对于第一种、第二种的犬，主人尽量不要打扰，因为此时下达命令的话很难得以执行，反而会引起犬的不满与反抗。对于第三种和第四种犬，主人要做的就是让它完成某项"任务"，在它完成之后给予表扬或赞美，恰到好处地满足犬的自尊心。

（5）尾巴直立

一般说来，尾巴直立表示犬的心理正潜在强烈攻击性和警惕心，在为它下一步的肆意攻击寻找机会。此时的犬已经进入高度警戒的状态，是面对陌生人和入侵者的一种挑战的方式。此外，尾巴直立也可用于互不相识的犬在初次见面时的比较谨慎的问候方式。它们在估量自己的胜算几率之后，再决定是否进攻。如果想培养一只很乖的犬，那就带它离开敌方吧。如果想锻炼它的战斗力，不妨在安全的条件下为它助威，它会因为主人的助阵变得更加威猛些。

（6）尾巴斜上举

尾巴向斜上方举，露出牙齿，且嘴里不时地发出威胁性的"呜——"声。这是一种站在统治地位的犬所传递出的信号，它在向其它的犬证明它的地位。在这样的殊荣下，犬的尾巴流露出傲慢的弧线，无论是走路还是站立就像明星一样昂首挺胸。用这种方式来演绎自己的傲慢，并显示自己与其它犬的不同。这时送一个"鄙视"给"臭屁"的它，但同时也要适当鼓励它，否则犬的自尊心将会受到伤害的。

（7）尾巴毛竖立

将尾巴上的毛竖起这种情况并不多见，这是犬在进攻的基础上多了焦急、恐惧、不安的意思。也就是说，它在面对一个体型庞大的对手，而此时的它又不能确定自己的胜负而表现出的外在反应。在这种情况下，尾巴上的毛会全部乍起，使尾巴看起来更有威力，表示在面对强大对手的时候不想也绝对不会在气势上输给对方。若只有尾巴尖端的毛竖起，则表示犬此时有点紧张，显得有点害怕或者着急，它是在告诉对方："我没有威胁，请你不要伤害我！"此时看清它威胁的对象，教会它"分清敌我"，培养它的"战斗力"也很重要，毕竟有时威猛也不是什么坏事。对于有点紧张的犬，则应当用抚摸或言语安抚它。

6. 身体与四肢

犬的躯体与四肢虽然表面上看没有尾巴、嘴巴和眼睛那么灵活，但是在表达自己方面同样也不逊色，无论是拱背、挠脸还是爬跨都显示出犬具有非凡而又出色的表达能力！

（1）身体直立

一般的情况下，犬在极度警觉时会身体直立，它在警惕地看守着自己的"势力范围"。在它的领地里，如果有谁敢"侵犯"半步，它便会起身回击。如果想培养犬的"领地观念"，不妨在家中划一"犬专用地"给它，哪怕只有一块毯子大小的地盘也可。当犬树立起领地观念后，将会把这种观念扩展到整个家庭，成为一条令主人安心、能够看家护院的犬。

（2）仰卧

只有犬处在最放松的时候才会仰卧，这时候的它已放下所有的警戒心。只有犬十分肯定周围不会出现伤害它的人或犬等，对现在的一切很有安全感，才会作出仰卧动作。犬让你看到或摸它的肚子是对你最大的信任。

（3）身体匍匐

当犬的身体向下匍匐时，通常表示两个意思：一是当面对比它强大的犬时表示屈从与敬畏；二是发现猎物时作出的捕猎准备。虽然动作相同，但表示的含义却大相径庭。对于犬的服从，主人应当显示出领导者的风范，起到震慑的作用，在犬的面前树立起自己的威严。如果犬此时准备捕食，那就不要打扰它，静静地坐在一旁，让犬尽情地发挥自己的本能。

（4）拱背

拱背意味着它放下了所有的防御，它认为此时前方的物体或人让它感觉到很安全，并且乐意接受对方的爱抚。

对于某些雌性成年犬来说，拱背还有可能是它们对雄性成年犬表示亲近的行为，这是犬的一种本能。即使做过绝育手术的犬，在特定季节中也会下意识地做出相同的反应。对于向自己表示友好的犬，为何不将手伸给它，与它一起享受人宠之间的游戏乐趣呢？对于发情的犬，则不要粗暴地打扰它们的"好心情"，仅在一旁做一名观众就够了。

（5）轻盈跳跃

双腿活动的时候并非平稳向前行，而是连蹦带跳，显得十分轻盈。犬用跳跃的方式来表达自己的兴奋。例如，当犬喜欢的人回来时或得到了主人的爱抚时，它都会开心地跳跃起来，像在为自己的喜悦而翩翩起舞。因此，一起用愉快的心情感受犬的喜悦吧，将它举起来，然后转几圈，让自己与犬的心情高高地飞上天吧！

（6）用前腿触摸

触摸是犬与其它犬或主人对话前的动作之一，或许在它看来用触摸的方式更能将自己的感情传递给对方。有句话说得好："肢体接触是最好的亲热方式。"但是，当犬不停地碰触主人的时候，别误以为它只是在邀请谁和它来一起打闹，或许它有什么特

别的发现。当犬用"小手"碰触你时，不妨放下手中的工作去瞧瞧，或许它真的有什么惊奇的发现呢。曾经有很多主人在自然灾害（如地震、海啸等）前被自家的宠物唤起并安全逃离的，所以可不要小看它的"超能力"。

(7) 腿绷紧，并张开

一般情况下，这个动作通常具有攻击性，但也要看这个动作出现的场合，如果是在家里舒服的沙发上，那意义就大不一样了，此时它把两条前腿很舒服地向前拉伸并且把身体向下压，后腿直直的，屁股撅得很高，表示犬正在很享受地伸懒腰！犬觉得自己身体疲倦或无聊的时候会做出伸懒腰的动作，拉伸度比较大的动作能够舒缓因无聊而僵持的身体。此时，一个松软的沙发或一团乱糟糟的毛线球都是它们最好的消遣对象。

7.声音语言

声音语言是犬用来沟通同种间相互联系和互为理解的重要工具。它用不同的发音和声调，表示不同的内容和含义，用以激发同类之间的情感，两性结合，母子联系，趋利避害，一致行动等。

(1) 吠声（汪汪）

这是犬提高警觉时使用的，不过高兴时也会发生这种声音。

(2) 鼻声（吭吭或哼哼）

这是表示有什么事要告诉你，如想外出、肚子饿、无聊时都会发出这种声音。

(3) 喉声（呵呵）

心情好时发出的声音，犬做梦时也有此声音。

(4) 吼声（嗡嗡）

这是恐吓声，此时犬一定会皱鼻子，裂开上唇，露出獠牙，形成一种特别的表情。而且在发出吼声时，通常前脚会用力踏，背上的毛竖立，尽量表示自己是不可战胜的强者。

（5）高啼（铿铿）

表示疼痛的悲鸣。

（6）远吠（喔喔）

呼叫远方同伴的声音，对方听到这种声音也会以同样的远吠回答。犬在听到口琴声、警报声或号声等时，会被诱发出这种远吠声。

又如嚎叫声是肚子饿了，表示哀求；尖叫声是不快，表示疾苦和求助；众犬齐鸣则表示欢快，可激发同类的情感；汪汪汪，叫一叫，停一停，表示它发现或听到什么动静；汪汪汪声急促，说明有人或其它动物已接近它，表示要攻击等。这些都可视为犬的声音语言，在搜毒、搜索、搜户中我们要求犬用吠叫声报警。

了解宠物犬的本能行为

1.遗尿

你可不要认为犬遗尿是患有尿频等疾病，其实它是在行走路线上做气味标识呢。因为犬都是通过尿液的气味来识别对方的，遗尿就是犬用它的气味留下记号的实际行动，好让其它犬知道是谁以及何时经过此处。犬们可从尿液残留的气味中辨别对方的身材大小和性别等。如果该处已经有其它犬的尿液，犬也会在相同的地方遗尿，目的是企图用自己的味道来掩盖其它犬留下的气味，宣布领地已经归它所有。除了宣布领地外，尿液还有一个作用就是帮助犬认路。当犬单独外出时，只要在路上用尿液作标记，犬就能准确地找到回家的路。这是犬的特殊本能，我们只有羡慕的份儿，当犬频频遗尿时一定要耐心地等待，而不要粗暴地

将它拽走，更不能大声呵斥。

2.爬跨

这是犬高兴的表现，一般在看见久违的朋友或出门归来的主人时，犬就会有这种表现。它兴奋地跑上去要与你撒个娇，这种撒娇方式是犬的一种本能。

爬跨行为的目的和表现因年龄不同而有不同的意思。幼年时的犬一般在高兴和顽皮，尤其是主人离开一段时间后返回时，常会做出这种动作。在幼犬（同性或异性）玩耍的时候也常会有爬跨的动作，这都是高兴的表现，而绝无交配之意。

成年犬做出爬跨动作时一般有两种情况：一是为了与发情犬交配；另一种是为了确立自己的地位，它要用这种方式证明自己才是说了算数的犬。对于犬的这种行为，主人应当采用合适的方法阻止，不要让犬养成这种习惯，因为这是对主人地位的挑衅，一旦犬在心理上形成它是老大的观念之后，主人的命令就很难对其产生震慑作用了。

3.恐惧同类的尸体

与生俱来的防御本能使犬对同伴的死亡产生不可思议的恐惧感。原因是，死去的同类尸体会发出难闻的气味，这种气味类似于皮革，对犬具有较强的恐怖性刺激，会使它本能地联想到死亡与杀戮，不管死去的犬生前与它有多么要好，甚至是亲密的伴侣和子女它也不敢靠近，就连路过时也会表现出毛发耸然、步步后退、浑身颤抖的恐惧，并在很长的时间内会有"抑郁"的反应。出于保护它心灵的考虑，如果有家养的犬类不幸死亡，请不要让它的同伴看到尸体，那将会在它的成长中留下阴影。此外，主人还应当对犬进行"开导"，而不任其钻进"死胡同"，否则将会使犬患上抑郁症，以后就很难看到它开心的样子了。

4.在地面刨洞

我们经常可以看到散放在院子里玩耍的犬喜欢用爪子刨坑，将食物埋在坑里，并用土将其盖上，然后自己很安逸地躺下。这种挖坑刨洞的行为是犬的一种本能。

原来犬的祖先是野生食肉动物，主要以兔子等动物为食物。有时它们也会因捕捉不到小动物而忍饥挨饿。为了预防挨饿，它们就逐渐养成了一种储食习性，把吃剩的小动物等埋进土里。经过人类的长期驯化后，虽然不用再捕食，但是祖先遗传下来的储食习性却根深蒂固地隐藏在犬的脑海里。此外，为了保持睡觉用的坑干净，犬还会挖"茅坑"，目的在于掩藏排泄物。如果不想犬每天都是脏脏的，那就规定它玩耍的范围，或是在它刨洞的时候明令禁止，多次以后就会好多了。

5.挠脸

与猫洗脸一样，犬挠脸是一种本能，但并非清洁或者空气湿度太大，而是因为犬正处于刺激性味道的环境中。此时犬就会认为自己的鼻子出了问题，嗅觉不再灵敏，因此就会不停地挠脸或狂抓一翻，来帮助自己赶走这种嗅觉上的不适。如果在没有任何气味的情况下，犬仍不停地抓脸，就有可能是患上了螨病或真菌性皮炎等皮肤病。

6.挠身体

身体感觉痒痒就去挠，这是所有动物的本能，犬自然也不会例外。犬，特别是长有厚厚毛发的犬，在夏天或长时间不清洁时就会生出寄生虫或毛发打结，感觉很不舒服。为了"自救"，犬只能用爪子自己来解痒或打理已经打结的毛发。不过，有时在洗澡后还会挠身体，这有可能是犬对清洁用品过敏。

7.疯狂跑跳

犬并非总是勇敢的化身，它也有软弱的一面，例如，当一只犬正处于极度恐惧中时，它会将对手想象成一个残忍无比的"杀

手"，在面对这个凶恶的"杀手"时，它就会表现得躁动、不安、狂跑狂跳，用来警告对方"我是很有力气的，你可别惹我！"用疯跑的行为来震慑对方，有时甚至还会因为害怕而不自觉做出攻击对方的动作。因此，主人应当机立断将犬与引起它疯狂跑跳的因素隔离。

8. 对静物好奇并撞击

主人是否经常不解，为什么犬有时会对着家里的某些静态物品（如茶几、沙发等）较劲。它的行为也许是撕咬你的地毯或是用头部用力地撞你的行李箱。难道它对一个根本不会动的物体也有警戒心吗？其实，这是犬的好奇以及恐惧心理在作祟。在犬的世界中，好奇心和恐惧心总是并驾齐驱，无时无刻不存在的。在这两种心理的驱使下，犬会利用一切"手段"来完成自己的"探索欲望"。在诸多目标中，静物对于犬来说是最神秘的，因为犬只对移动的目标比较敏感。在它们的眼中，静物是朦朦胧胧的、是未知的，"初生牛犊不怕虎"的犬会表示出好奇，而胆小的犬则做出撞击的行为。撞击的目的有两种：一是征服它，用力让那"静物"知道自己是不好惹的；二是用主动攻击代替心理上的恐惧，特别是一些体型较小的犬，见到比自己大的物品，就有可能用撞击的方式来掩饰心中的恐惧感。

9. 躲起来

爱美是犬的天性，它也有小小的虚荣心，虚荣心有时表现在对自身外形的关注上。如果它的毛发被剪得太短而家里又刚好来了客人，它就一定会躲起来不去见人了。因此，无论在什么时候都要给犬足够的赞美和鼓励的眼神。让它知道你是爱它的，让它消除一切自卑的心理，在众人或众犬面前都非常自信。

10. 故意攻击

当犬主动发起攻击时，首先会站在高处四下观望，然后将耳

朵竖起并向前伸,尾巴由低垂慢慢举高、伸直;同时,全身的毛发也会竖起,并露出牙齿,先是一阵低吼,然后是大声的吠叫。如果对方仍然没有屈服的意思,那么犬就会主动攻击,不管对方是否与自己有仇。不少养犬者都很自信自家的犬绝不会进行攻击,实际上温良的犬有时也会做出故意攻击的行为,特别是在饥饿、受伤、生病或情绪焦虑等情况下,好战的本能就会因为外来刺激而被激发,从而发起主动攻击。例如,当主人将注意力放在新来的犬身上,忽略了对自己的照顾时,犬就会愤怒不已,不仅不遵守已养成的生活习惯,还会变得暴躁并且具有破坏性,并用攻击解除自己的焦虑和不安。因此对它的这些"犬之常情"的过失应当谅解,并且找出犬故意攻击的原因。同时,在犬对其它犬发起攻击时,主人应大声喝止,让犬知道这种行为是不对的,因为战斗将会在犬心里埋下仇恨的种子。如果打败对手,犬日后会变本加厉地欺负弱者;如果被对手打败了,又会造成报复的心理。冤冤相报何时了,还是带你的犬远离或阻止犬的故意进攻吧。

11. 有特指对象的狂叫

眼睛紧紧盯着对方,用眼神向对方发出警戒的信号,声音变得异常狂躁,同时掺杂着呜呜的声音。在狂叫的同时,尾巴会竖起来,耳朵向前立起,鼻子皱着,把嘴巴张得大大的,可以看到牙齿。

"隐形的敌人"会让犬无理由地狂叫,但一旦犬锁定了目标,就会对该目标一直进行狂叫。犬的这种行为实际源于自我防御的本能。当犬在面对比自己大的犬、人类或物品时,将会感到十分恐惧或不安,它要用狂叫来掩饰自己的真实感受,给弱小的自己"壮壮胆子"。在生活中这种情况非常常见,如小犬"勇敢"地朝比自己体型大的犬或陌生人狂叫等。此时应将带离它的特定对象

或者站在犬的面前，阻隔它的视线，并用眼睛瞪着它的眼睛。通常情况下，犬在面对主人的注视时都会尽量避开，变得温顺。但如果碰到了爆脾气的犬，那么一场恶战就要开始了。

12.原地转圈

如犬在原地转圈，第一种情况可能是它在地上发现了什么，正等着主人过去瞧瞧。但这只是少数情况，通常情况是因为犬觉得那里相对隐蔽，它想在那里便便啦。犬虽然会将尿撒在其它犬的尿液上，但很少会在有其它犬气味的地方排便，所以在排便前就先是要找个它认为比较合适的地方，并且用转圈的方式反复地确认。当它可以肯定地面上没有别的犬占领的迹象时，才会安然地在那里排便，然后用后腿连续猛蹬地面。这种行为与猫遮盖排泄物一样，是为了掩埋自己的气味，防止受到敌人攻击。这个本能如此之强烈，以至于即使是在很硬的水泥地面上依然会重复这个动作，表示自己已经把便便"掩埋"了。因此，当犬转圈时不要催促或用绳子猛拽它，这会打断犬的"便意"，破坏已经形成的排便习惯。

13.背对而坐

在犬与主人的相处中，常会见到犬背对主人而坐的情景。难道这是与主人疏远？还是犬在生闷气？其实这两种说法都不正确。对犬来说，背部就像是一个罩门，因此无论是玩耍还是迎敌都不会在后背留下任何一点空隙，这也是犬防卫意识强、警惕性高的一种表现。一旦犬决定将后背毫无戒备地交给主人，说明在它的眼里主人是它的依靠，是它的靠山，在主人身前，它不需要去顾虑身后会有任何危险，因为主人不会伤害它，还会保护它。因此，犬愿意将自己的一切都交给主人，最有诚意的表现之一就是背对着主人，席地而坐。

14.拐大弯而非径直走

犬走向一个人，如果不是径直往前走，而是要拐个弯，有以下几种可能：

一是源自于犬特有的警惕心及防备心理。如果径直走向目标，那么自己的方位和方向就很容易被判断出来，当对方存有敌意时将会被攻击。如果拐个大弯儿走路，方位和方向将不会轻易被判断出来，即使对方有敌意和攻击的意图，也需花一点时间来判断犬的方位及方向！这样，犬就能为自己"争取"一点逃生或进攻的机会。

二是犬情绪高涨，非常兴奋，走路时活蹦乱跳，忽左忽右的，像一个淘气的孩子一般不肯好好走路，用拐弯的行走方式表达自己激动与喜悦的心情。

三是刚学走路的犬由于骨骼发育不完全，走路时难径直走，忽左忽右或拐着弯走会让它走得更舒服些。如果是成年犬，由于好奇心较强，在受到猫或其它动物影响后会进行模仿，如学习猫步等。

四是犬生病了或缺营养。比如大型犬严重缺钙会导致它无法正常走路。

因此，我们应仔细辨别犬的具体情况，然后"对症下药"。

15.远离人群

其实，在生病时离开并不是犬个性独立的表现，而是几千年来遗留下来的一种本能行为，即人们常说的"返祖现象"。原因是犬的祖先遵循"弱肉强食"的生存法则，对于受伤或衰老的伙伴通常会"下毒手"，目的是减少食物的分配，不拖累"部落"的其它成员。为了保住自己的生命或不拖累同伴，受伤或生病的犬就会本能地躲避同伴，而这一本能在家养的宠物犬身上也能体现出来。因此当主人发现犬莫名其妙地失踪或在家中"消失"，在排除被诱拐、走失等因素后，就应当引起警觉，及时带犬上医

院看病。

16.逃跑

不要以为犬都是非常勇敢的，当它处在危险的境地或感觉到了危险将要来临时，如果认为自己无法抵挡危险，就会选择撒开四腿疯狂地奔跑！这是犬的本能，也是它自我保护的方式之一。犬在逃跑的时候，并不会只顾拼命地向前跑，它天生谨慎的本性会不时地往后扫几眼，这样逃跑的犬就能及时掌握追踪者的追踪信息，并根据追踪者的相关情况，及时地调整自己的逃跑路线和方向，以摆脱自己被追踪的困境。因此，当主人带着犬出去遛弯儿，任由它与同伴一起玩耍时，如果发现它被别的犬追踪袭击，千万不要觉得有意思，因为你的犬正处于危急之中。如果这时把追赶它的犬赶跑，让它得到安全感，犬将会非常崇拜你的。

理解宠物犬的"社交"行为

1.游戏邀请

将身体的前部伏下呈俯蹲状，然后将一只前腿提起，使身体向一边歪，头部几乎与地面发生接触，快速摇动尾巴，有时犬也会前后跳跃，下颚松弛，用期待的目光看着对方。这种行为表明自己有充足的体力和对方跑跳玩耍，同时在做各种邀请动作时，还会发出各种叫声，如叹声、滚动的吼音、高叫声等，表明自己的"诚意"。当犬完成一系列动作后，就会不时地跳起来、跑开，然后回头看着对方，这是它在观察对方是否响应了自己的邀请。看它兴趣如此高涨，就不要扫它的兴了，难得羞涩的犬有勇气向你发出友好的信号。

2.顺从"它犬"

身体放松,将牙齿藏起,头部低垂,眼神不直视对方,耳朵全部下垂,尾巴向下弯曲,一只后腿盘着。然后犬会侧转将腹部露出,并将一只后腿举起来,稍抬耳朵表示信赖之意。有的犬为了表示自己的诚意,还会挤出几滴尿。此时,处于支配地位的犬将会用鼻子舔它的脸或拱它的喉咙、私处,表示接受它的顺从。腹部是犬全身最柔软的部位,为了表明自己顺从的诚意,它会将腹部完全露给对方,表示自己的"生死"由对方掌控。这在社交行为中是比较重要的一种姿势,特别是对毫无战斗力的胆怯的犬而言,做好这套动作可以让自己少树很多强敌呢!如果犬对其它犬做出这种表示,主人千万不要以为给自己丢了面子,而是应该感到庆幸。因为这是犬的世界,不要用人的眼光来衡量,热爱和平的犬总是比"战争狂人"要更受欢迎的。

3.视而不见

"月有阴晴圆缺,人有悲欢离合",犬的心情也并不是整天都是晴天无云的,在它的内心里也有情绪低落的时刻,此时如果有其它犬邀请它来玩耍,它就会迈着"沉重"的步伐慢慢走开。如果犬本身的兴致很好,但嗅了嗅对方之后仍走开了,那它的意思就是"你对我来说没有任何感染力,我对你不怎么感兴趣"。如果犬面对主人的召唤慢慢走开,极有可能是向主人表示自己的失望。有时主人对犬表示亲昵,犬就会认为:"主人也许带来好吃的美食呢!"过了一会儿,如果主人没拿出让犬满意的美食,犬就没兴趣了,然后慢慢走开了,从那漫不经心的步伐中可以看出犬是很失望的!如果犬心情不好,主人最好能够找到原因,陪在它的身边,安慰它,把它的情绪调动起来。如果是主人引起的,最好的解决方法是就餐时拿出可口的美食,让犬好好享用!

4.展示地位

犬中也有地位尊卑之分，十分注重对自己地位的肯定，自信的犬往往会用各种方式向其它犬表示自己的优势，并要求对方一定要尊重自己。因此，主人对犬之间的这种行为不要横加干涉，但如果涉及到自己，就不要再置之不理了。如犬在与主人并排走的时候靠在主人身上，说明它认为自己比主人的地位高，要求主人为自己让路。主人此时千万不要顺着犬的意愿，否则自己的权威性可就保不住了。

5. 最初相识

嗅臀部是犬之间交流的特殊方式，跟人与人之间的打招呼、握手一样，属于很正常的行为。原因是在犬的臀部分布着能够产生强烈气味的腺体，嗅臀部能更好地了解对方。

如果犬之间是初次相遇，互相嗅臀部，大多是向对方示好，如"嗨，你好！"等，同时嗅臀部也是在辨别对方的性别，类似于陌生人之间的交换名片信物。如果互相熟悉的犬见面后互相嗅臀部，同性之间一般是指见面打个招呼，表示类似于"哥们儿（姐妹儿），又见面了，今儿好啊！"的意思；若异性犬使劲嗅对方臀部，表示对它有好感，互相嗅臀部则表示双方两情相悦、互有爱意。不要粗暴地打断犬之间的"自我介绍"，这正是犬开拓自己"人际关系"的机会，多一个朋友会让犬更加快乐健康地成长。

6. 表示好感

与人的感情相类似，犬也有自己的情感诉求，也需要寻找自己的另一半，但犬并不是能在任意时间都可以去寻求自己的另一半。如果犬没有处在发情期里，主人强行为它寻找另一半进行交配，那将可能遭到它的强烈抗议。在发情期，一般是公犬主动追求，母犬被动接受。但也有例外，如当母犬对某只公犬情有独钟时就会主动表示，让对方知道自己的爱慕之意。犬寻找自己的另

一半，主要是靠嗅觉来完成，当发现对方示好后，犬就开始摇着尾巴表示欢喜，也有传达交往欲望及要求的意思。此时如果公犬有好感，就会主动调情，通过亲昵的神态动作来博得母犬的欢心；如果母犬满意对方，也会以亲昵的行动回应对方。

7. 异类相处

犬对异类有着更高的警戒心，敌意也更为浓厚。当犬从异类身上嗅到了非同类的气味后，如果这异类是它第一次遇见，就会表现得非常警惕，但当发现异类并无恶意后，就会试着用自己的方式与异类进行沟通。犬与异类沟通的方式很简单，先伸出自己的爪子，并摇动尾巴，向对方示意："嗨，你这长相奇怪的小子，一起玩玩吧！"在犬的肢体语言里，伸出爪子并摇摆尾巴的举动，有"给我一些美食吧"或"咱们一起玩"的意思。可是异类对犬的这种友好行为并不理解，会认为这是对方做出的示威，有可能立刻警惕起来，并做出迎敌或撤退的准备。例如，在猫的语言里，摇着尾巴和伸爪子意味着赤裸裸的挑衅，这样就可能引发一场猫犬大战了。

因此，想让犬与异类相处，应该先将双方保持一定距离，只有当犬与异类对相互的气味熟悉了，才能一步一步达到和平共处。如果犬与异类都是从刚出生就开始共处的，主人可以大放其心，犬和异类会一直和睦相处下去。

8. 攻击预备

犬之间的交往并不都是友好往来，一言不合大打出手的犬也不在少数。在真正攻击之前，犬会做出一系列准备动作，例如，会与攻击的对象保持一定距离，以便随时发起攻击；俯下身体是为了更好地起跳，达到攻击前的助力效果。这些动作表明，犬不再满足于恐吓对方，而是要真正实施"报复"，即使与对方"决裂"也在所不惜。如果看到犬已经跃跃欲试了，出于保护弱者考

虑，还是先把它的"敌人"请走吧。

9. 撕咬玩伴

犬天生就是一种捕食性动物，虽然经过驯化后成为人类的宠物犬，但这种本能并没有随着岁月的流逝而消失，而是用另一种方式表达，与玩伴撕咬就是其中的一种方式。不要以为犬真的忍心下口，其实它并没有用力，而且犬的皮毛较厚，对这种撕咬并不在意的。这样做的目的就是宣泄快感，让身体和精神在撕咬中得到放松。有些正在长牙齿的小犬互相撕咬的原因，则有可能是牙床发痒，通过撕咬对方可缓解自己的痒感。在游戏时撕咬是犬开展良好社交的一项不可缺少的活动，若犬撕咬的力度拿捏得当，主人就不应当横加干涉。

若犬将主人当做游戏的对象撕咬时，主人一定要记住，不要等到犬咬到皮肤后才挣脱，否则会使犬以为主人用"跳舞"的方式鼓励自己，因此会咬得更加开心。正确方法是当犬开始咬鞋带或裤腿时就要作出痛的反应，停止自己与犬嬉戏的动作，并且将视线转移到其它的地方。如果犬已经咬痛自己了，千万不要用手打犬的鼻子，因为犬不会懂得自己的友好行为为何会受到惩罚，从而对主人的手产生恐惧心理，对主人也产生了戒心。

10. 表示愤怒

在与其它犬的交往过程中难免会有不和的情况，此时犬会用上面的行为表达出自己的愤怒，让对方知道自己并不是好欺负的或者对方已经触到了自己的忍耐底线。因此，迅速带犬离开使它愤怒的同类吧，让它在平静中"消化"自己的情绪。

11. 平息潜在的侵犯

犬们的迎战可不是随时随地，它们也有不在状态的时候，这时是出击还是休战一切看它的心情。当犬不愿意出击时，在面对那些让它厌烦的挑衅时通常会做出一些令自己降火气的举动行

为，如上面所说的打哈欠、转移视线、舔嘴唇、别过头去或是故意嗅寻地上的东西……这都是它们让自己"冷静下来"的一种方式，同时它们用这种举动告诉对手"今天我不会理你"。

猫的眼睛、耳朵、胡须、鼻子会"说话"

人们常说猫是最"无情"的宠物，这是对猫的一种误解。其实在它"无情的面具"下面是一张多情的面孔，它的眼睛、耳朵、胡须、鼻子都会"说话"！

1. 眼睛

猫的眼睛就像是一架立体相机，任何风吹草动都无法逃过它的视线，而那双眸中深邃的目光变化莫测，在漆黑的时空闪烁着待人解读的秘密。

（1）眼神发呆

在游戏后或吃饱后，猫就会变得非常困倦，呆滞的眼神表明它已经作好进入梦乡的准备，那么就要提前作好承受猫"暴怒"的心理准备。因此，不要再打扰或离开猫，给它创造一个安静的睡眠环境，或者根据猫的习惯轻柔地抓挠它的下颌或用猫喜欢的其它方式哄其入睡。注意，有时眼神发呆也是猫患病的一个表现，主人应根据猫的其它表现进一步判断，及时送猫就诊治疗。

（2）半眯着眼睛

在享受主人的爱抚时，猫会放下所有的戒心与警惕，标志就是平时作为"探测镜头"的眼睛停止"工作"，并带动身体也变得十分懒散。此时猫的警惕性是最低的，但也是最信赖主人的时候。因此，千万不要做出任何可能会引起猫警觉或戒心的动作

来，以免破坏自己与猫之间建立起的温馨氛围。主人可以用手抓挠猫的皮毛，或者发出与猫相似的声音与之"交流"。

（3）眼睛圆睁

当猫感觉自己受到威胁或者生气时，瞳孔放大不仅表示恐惧不安，并且要利用放大的瞳孔给对方造成不安。为了减少"流血事件"的发生，猫不会轻易地发动"战争"，而是利用睁大的眼睛告诫对方"你惹着我了"，使对方知难而退。猫是一种警惕性很强的动物，主人的无意行为就有可能引起它的不安，从而激起它好斗的本能。因此，当猫出现瞳孔放大、眼睛圆睁的表情时，主人一定要先掌握可能引起猫不安的原因，并且用坚定的眼神目不转睛地看着它，告诉它"这里很安全，我会保护你"。如果是一只陌生的猫盯着你，那么你还是将目光移开为妙，因为在猫的世界里相互盯着看被视为一种挑衅。

（4）瞳孔骤然收缩

猫的胆子很小，这也难怪，无论在家里还是室外，猫的身型与人和其它事物相比是那么的渺小，这会让它很不安。因此，当它发现一点仿佛于己不利的情况时，并不会先考虑这种情况是否有危险，而是本能地将注意力高度集中在对方身上，绷紧全身的神经。由于猫眼部肌肉十分发达，所以在绷紧神经的同时就会使瞳孔骤然收缩，做出挑衅性的威胁。这时不要发出声音，否则猫就有可能将主人视为"假想敌"，做出伤害性的动作。待猫的瞳孔恢复正常后，再试探着用轻柔的声音对它进行安抚，直至猫身体完全放松。

（5）眼神斜视

猫眼神斜视可能发生在很多情况下，如较内向的猫在嫉妒主人宠爱其它宠物或者与他人亲近时，不会做出过激的动作来，而是静静地躺在一边，并用眼角盯着主人的一举一动。如果这时主

人与猫对视，它也不会将视线移开，而是仍然用眼睛告诉对方"我知道你在想什么"！因此，不要漠视猫的眼神，因为这样会伤害它的情感，并让它感到自己在主人心目中没有地位，从而使其与主人逐渐疏远。但是，也不要过分哄它，否则会使它的嫉妒心更强，对主人与其它的宠物或人的接触更加无法容忍。最好的办法是"邀请"猫一同玩耍，将注意力平均分配。同时应注意，猫斜视也可能是一种病理症状，由于在育种过程中亲本选择不当，繁殖的小猫会携带斜视的基因，将会出现斜视症状。

（6）紧密注视移动物体

与犬一样，猫对静止的物体常常视而不见，但对于移动的目标却完全能够辨别，特别是对于高速移动的物体，猫会有迅猛追赶的冲动，这也是它的一种捕食本能。如果正在移动的目标是小皮球等玩具，不要对猫的行为过多干涉，让猫保留一点野性本能也未尝不是一件好事。不过，如果移动的目标是自己心爱的东西或其它的宠物，那就要特别留神，别让家中发生"惨剧"。

（7）面无表情地注视前方

猫与犬一样，都是看家的好手，它有时也会尽职尽责地为主人放哨，观察家中或室外是否有异样情况，尽其守护主人的职责。一般情况下，在没有特别异常时，猫不会有任何的表情与动作，只有当它发现有威胁的时候才会作出激烈的动作。此时，不要过分干涉猫的行为，更不要随意干扰它的"侦查"活动，小心它会将主人的亲近行为当作攻击行为。

（8）警惕地环视

猫的感觉敏锐度非常高，对任何事物都充满了不解与疑惑，在它看来，即使在自己一成不变的小天地中也有可能出现各种微妙的变化，这种变化足以引起它的注意。如果猫的警惕性环顾仅维持很短时间，就不要横加干涉。不过，如果猫长时间处于这种

"神经质"状态，主人不妨用猫喜欢的食物来转移它的注意力。

2.鼻子

（1）撞

不要以为猫用鼻子撞人就是生气的意思，它与犬一样是用鼻子来表达自己的喜悦心情。例如，有的猫发现老鼠或者昆虫后，就会用鼻子撞击主人，这是示意让主人看自己是如何"立大功"的。

（2）嗅

猫的嗅觉与犬一样灵敏，因为猫看不清静止的目标，所以只能依靠嗅觉来判断该目标是否正常。如果它主动凑上去用鼻子嗅人的鼻子，则说明它对这个人很有好感。在日常生活中，猫用鼻子嗅还可能有以下几种情况：一是在室外用鼻子嗅，是用捕食的本能确定"猎物"的大致方向；二是凭借嗅觉判断食物或玩具等放置的场所；三是吃饭前嗅食物，是为了判断食物是否变质或有毒；四是公猫凭借嗅觉找到发情期的母猫；五是刚出生、眼睛未睁开的小猫通过嗅觉找到母亲的乳头。因此，尽量不要在猫的周围制造"香味干扰"，以免猫因嗅觉失灵而逐渐"放弃"嗅觉本能。主人平日在打理猫毛皮时，也应尽量使用一些无香味的洗涤剂或护理品。

（3）用鼻子蹭某种物品或人

猫与老虎、猎豹一样属于猫科动物，习惯留下自己的气味。例如，有的猫就喜欢用鼻子蹭主人的衣服，表示主人是自己的，别的猫不能来争；有的猫喜欢用鼻子蹭主人的皮肤，表明自己对主人的爱恋，有"以身相许"的意义；还有的猫蹭主人的裤脚则是表示"我对你很信任，我喜欢你，快来和我玩"。除了表示占有外，猫用鼻子蹭东西还有可能是为了清洁鼻子或者是鼻子发痒。但无论猫是蹭衣服还是皮肤，主人一定要作出反应，否则会

挫伤猫的自尊心。

（4）舔鼻子

猫舔鼻子是正常的反应，原因是鼻子上分布有很多神经，用舌头舔舐会对中枢神经起到镇定的作用，而且舔鼻子还能使鼻子保持湿润，使嗅觉更加灵敏。不过，猫舔鼻子应当保持一定的频率，如果过于频繁或者剧烈，有可能是猫口渴或者情绪紧张。如果猫是因为渴舔鼻子，那么就尽快为它端上一杯水；如果是因为情绪紧张而舔鼻子，主人应当抱着猫，转移它的注意力，并离开使其紧张的环境。

（5）用鼻子试探、接近

猫的警觉性较为敏锐，在面对陌生的事物时从来不会鲁莽地扑上去，而是要在确信百分之百无危险的时候才会放下戒心。在这之前，它会用鼻子小心地去试探，利用鼻子的嗅觉和触觉来判断是否将有可疑情况发生。如果猫正在接近主人的私人物品，如化妆品、毛绒玩具或者衣服等，千万不要因为害怕弄脏物品而制止或呵斥它，要知道这只是猫的一种本能。

3. 耳朵

猫的警惕性不仅依靠鼻子，耳朵也是重要的"报警装置"之一。任何细微的声音都逃不过它的耳朵。它在"耳听八方"的时候还会向主人或其它猫传达自己的想法，告诉大家藏在它耳朵下面的秘密。

（1）外耳向前突出

如果猫的耳朵朝前突出，表示心情很好，此时即使是陌生人猫也不会过分警惕，反而会主动发出友好的表示，有时甚至还会显得比较"八卦"，不分目标地滥用自己的"爱心"。趁着猫的情绪很好，快点做些它平时比较反感的事情，如修剪趾甲、吃药、洗澡等。当然，也不要做得太过分，否则会让猫的情绪"晴转多

云"。

（2）耳朵竖起，并未特别朝向何处

如果猫的耳朵只是单纯地竖起，并没有朝向何处，说明这是一只有点机警的小猫，实际上它很放松，只不过是本能让它保持最后的机警性。有时它的心思不一会儿就不知道跑到哪里去了，就连平时最喜欢捉弄的苍蝇都视而不见了。此时，最好不要打扰它，等它休息够了自然就会来找你的，要学会耐心满足宠物的需求而不是只顾自己的乐趣。

（3）耳朵耸起，并向某处转（撇）

猫对声音有时是非常执着的，原因是它能够从声音中获得一切信息，如：是否存在敌人，是否有"同盟"出现，以及猎物是否进入自己的领地等。这些肉眼无法看到的情况用耳朵可作为探测的工具。因此，将周围的声音放小一点，让猫能够听得更清楚些，不要以为猫不会理解主人的良苦用心，它的心里可如明镜般清楚！

（4）耳朵略微朝后展

在表示自己"烦"的时候，猫有多种表现，用耳朵表示就是其中的一种方式。耳朵向后张，表明猫此时的心情不太好，甚至有点烦躁不安。但耳朵向后张也说明猫的烦躁不会持续很长时间，只要找出烦躁的原因并对它进行安抚就可改善猫此时的心情。

（5）耳朵抽动

猫的耳朵如果出现抽动，表示它正处在紧张的状态，很可能遇到自己无法战胜的"猫敌"或者其它敌人，如体型较大的犬、汽车以及认为有危险的人类。这时猫的神经就会绷得很紧，使耳部肌肉因痉挛出现抽动反应。此时应将猫抱在怀里，抚摸它的被毛，并用亲切、温和的声音与它交谈。要让猫感受到主人的

关爱。

（6）耳朵拉平，并向后伸或贴在脑后

耳朵向后拉平或者包在头部，这是猫发怒或者害怕时的表现，表示猫正在与危险的生物相互对峙或者被主人责骂。耳朵上的毛发也会随着发怒或害怕的程度发生不同程度的变化，轻度害怕或愤怒只是会将耳朵向后拉平或包住头部；当害怕或愤怒升级后，耳朵周围的毛发也会全部乍起。此时用手按摩已不太管用，还有可能被盛怒或惊恐的猫抓伤。最安全的方法就是放一曲轻柔的音乐。

（7）用耳背摩擦主人的手背

与鼻子一样，猫耳朵上的神经也同样丰富，所以猫十分注意耳朵。当它主动用耳背摩擦主人的手背时，表明对主人非常信任与喜欢。另外，猫用耳背蹭其它硬的物品，可对耳部起到按摩的作用。因此，不管怎么忙碌，都不要将手抽开或粗暴地制止猫的亲密动作，而是应当顺势抚摸它的头部，并轻轻揉捏颈部的皮毛。如果正在做的事情很重要，用单手也可以完成，不妨将猫的头部轻轻移到空闲的手背上，让它充分表达对主人的好感。

4. 嘴

不同种类的猫的脸型、眼睛、耳朵各不相同，然而嘴巴却是完全一样的。不过，在相同的嘴巴中却隐藏着不同的细节，这些细节让猫们更加神秘，想要读懂它们可是要花费一番心思的！

（1）嘴微张

有时人发呆的时候嘴巴常常微微张开，这是因为精神放松使脸部肌肉也同时放松。猫也不例外，在感觉无聊时也会做出同样的动作，有时甚至还会打哈欠，这表明猫已经无聊到了极点，需要有人来陪或几个玩具来玩。如无影鼠、猫薄荷玩具、毛绒球等都是让猫自娱自乐的好东西！

（2）张嘴露出牙齿

不要以为猫张开嘴巴、露出牙齿就意味着它们很勇敢，其实有可能是用这种生气的表情来掩饰自己的恐惧，一旦对方"发威"，猫就有可能选择退缩，随时准备逃之夭夭。如果猫恐惧的对象是主人，那么一定不要先伸手表示示好，因为在猫的世界里，伸手代表着攻击，它会本能地做出反应或发动进攻。最好的方法不要主动找它，而是让猫来找你。

（3）撕咬

在大多数的情况下，猫会显得悠闲、孤傲，对任何事情都显得漠不关心，可是在面对"利益"受到侵犯时或有假想猎物时将会激发它们野性的本能，会对觊觎者或猎物发动猛烈的攻击，用嘴巴进行撕咬，来维护自己的"利益"。因此，仔细了解猫的撕咬习惯，带它外出散步时尽量避开可能会引起撕咬的因素。此外，要选择耐用的玩具作为猫的撕咬对象，让它在玩具上发挥自己的野性本能。

（4）舔舐

用舌头舔舐毛发是猫的一种本能，发生这种情况有三种可能：一是因为天气过于干燥，猫用舔舐的方法保持毛发湿润；二是猫的身上患有皮肤病或者有伤口，用舔舐的方法缓解皮肤瘙痒或伤口疼痛；三是当主人抚摸猫后，猫会舔舐自己的毛发，目的是"品尝"主人的气味，并将其牢牢地记在脑海中。因此，如果舔舐是因为干燥引起的，应当每天为猫梳理毛发，并在梳理的过程中喷湿毛发；如果是因为疾病或伤口的原因，应立即就医治疗。

（5）嘴巴抿紧

猫将嘴巴抿得紧紧的，天生一副倔强的样子，其实在倔强的背后隐藏着猫另外一种情绪——紧张。较为内向的猫在面对陌生

的环境或人时并不会像性格外向的猫用张嘴、龇牙、大叫等来表示自己的勇敢或掩饰自己的紧张情绪，它只会用沉默掩饰自己的真实想法。当猫的嘴巴紧闭时，头部、下巴、嘴角及脸颊的两侧是猫最希望主人抚摸的部位。当这些部位被主人轻柔抚摸时，猫就会放松面部的肌肉，表现出陶醉的样子！

5. 胡须

如果将猫的眼睛比作为黑夜里的星星，那胡须就是猫的指南针和探测仪。此外，在捕捉老鼠的时候，猫也会用胡须衡量洞口的大小，看自己是否能钻进洞里，将它们一网打尽。同时，胡须还是猫表达感情的一个重要方式。

（1）胡须微微浮动

胡须是猫最重要的触觉器官，猫利用胡须对空气压力的轻微变化判断前方是否有障碍物或空间的大小，可以说没有了胡须的猫，就像是一架少了导航仪的飞机，即使知道有着陆点也无法找到具体的下降地点，仿佛患有"夜盲症"一般。因此，不要觉得猫胡须太长、不美观就将胡须剪掉或者剪短，这会对猫自由活动产生重要的影响。如果发现猫胡须不慎折断了，不要从折断处将其剪掉，而是将胡须拔掉，因为拔掉后有利于胡须的再生长。

（2）胡须向前弯

猫打招呼的方式很多，如用头蹭、用鼻子嗅以及用胡须触碰。由于猫的胡须是横着长的，不方便触碰，因此猫只能将胡须向前弯。此时最好将脸颊贴到猫的胡须上或者干脆用头发与胡须接触，说不定猫会将你视为同类，这样更加无隔阂！

（3）胡须不停颤动

当猫的胡须在不停地颤动时，表明它内心非常恐惧与不安。因为每根胡须上都布有敏感的神经，能够发现一切风吹草动，无形中将可能发生的危险或紧张的情况放大 100 倍左右，使它感到

焦虑万分。为了减轻自己的恐惧感，猫会不停地颤动胡须，表明自己的气愤，并利用胡须颤动时空气压力的变化向对方发出警告，以避免不必要的争斗。主人此时应当安慰猫，若猫想挣脱主人的怀抱，那就不要勉强挽留，否则猫就会将怒气撒在主人身上。

（4）用胡须试探并靠近

猫的本性是非常谨慎的，当它们发现某种陌生的事物或人时，即使已确定对方并无恶意的情况下也不会贸然行动，而是用天生的"雷达"反复探测，以确定对方没有任何危险。此时，不要做出突然的动作，这会让猫受到很大的惊吓，并从此"断了"与人亲近的想法。此时要做的事情就是耐心等待，当猫确定对方没有危险后，就会进行下一步的行动，如用头部蹭主人的手臂等，这时才可以用抚摸等方法进一步拉近与猫的距离。

（5）胡须向两旁伸展

猫情绪良好或准备休息时，面部神经通常会比较放松，胡须自然也顺着生长方向自然地伸展，表明自己现在将进入休息状态。这或许也是在向主人传递信息，表示"我要休息了，请你不要打扰我"或者"我现在很愉快，不用担心我会突然袭击"。因此，分清猫胡须向两旁伸展的原因，然后再进行下一步的"行动"。

（6）胡须向前展开

当猫的胡须像扇子一样展开，说明此时它的情绪较紧张，已经进入注意力集中的状态，眼前的任何目标都被视为"假想敌"，并作好随时进攻的准备。此时应找到猫紧张的原因，最好帮助猫"排雷"。如果让猫紧张的对象是自己，那就用温柔的声调安抚猫，或利用玩具、音乐等来转移它的注意力。

（7）胡须向后伸

当猫正在对某个目标进行观望或因感受到威胁而胆怯时就会不由自主地将胡须向后伸，好像要避开危险一样。同时，紧贴的胡须还代表了在危险下身体紧缩，目的在于尽量让对方注意不到自己。此时，主人还是不要随便打搅，否则就有可能给猫留下"假想敌"的印象，反而下定了攻击的决心；也有可能让猫退缩不前，不愿接触外界环境。

6. 尾巴

猫其实并不像人类想象得那么难以沟通，它就像一个羞涩的少女，不肯将自己的心思表达，希望"恋人"能够从一言一行的细微之处来了解自己的情绪。

(1) 尾巴竖起，尾端笔直

这是猫向主人撒娇的一种表示，是一种毫无保留的亲近，竖尾巴从猫幼年时就会表现出来，例如猫妈妈准备给小猫喂奶了，小猫就会将尾巴竖起来。抚摸猫竖直的尾巴，告诉它自己已经知道它的心思，同时这也是对猫撒娇的回应。

(2) 尾巴竖起，毛竖直

当猫在面对危险时，最常见的动作就是尾巴竖起，并将尾巴上的毛发竖起。因为，猫认为将毛发竖起就会使尾巴变得更粗大一些，从而在体型上起到震慑对方的目的。因此，面对猫的这种行为，主人不宜轻举妄动，更不能企图以抚摸猫尾巴的方式进行安抚，小心猫将你的好意当做攻击行为。音乐对猫有放松的作用，会给猫带来心灵上的安宁，减少攻击性行为的发生。

(3) 尾巴竖起，尾尖弯曲

一直自信而又友善的猫为了更好地表达自己的感情，并且让更多的人在最短的时间内知道，就会将自己身体最显眼的部位——尾巴高高举起。有了高度的优势，还怕大家看不见吗！不过，为了避免对方误解自己高举尾巴的动作是准备攻击，猫还细心地将尾巴尖弯曲，表示自己并没有敌意，只是想向对方示好。

（4）尾巴向下，毛发竖起

同样是毛发竖起，但尾巴的方向不同，表达的意思也截然不同。尾巴的这个姿势"告诉"目标"我真的很害怕"。是的，倔强的猫毫不掩饰自己的真性情，用下垂的尾巴为自己的胆怯画上一个句号。如果使猫感到害怕的是主人，那么不妨用手抚摸它的下巴、眉心等猫喜欢被抚摸的部位。

（5）尾巴向下，尾尖向上

猫是很会享受生活的动物，在它看来，每一天的生活都是那么悠闲惬意，不管是颠簸劳累、敌人"寻仇"，还是阳光下的午睡，自有其独特的乐趣，让原本倔强的尾巴也开始"妥协"。不要以为猫的尾巴得了"软骨症"就想用手扶起来，因为猫的性格就像是"六月里的天气"，说变就变。

（6）尾巴弯曲

猫的好奇心非常强，当它们发现某个新奇的玩意时，就连平时最喜欢吃的小鱼也顾不上了，光顾着低头盯着不挪地，尾巴也柔软地弯曲着，仿佛为面前的东西打一个问号。当尾巴出现这种动作时，就有可能是猫对某个事物产生浓厚的兴趣了。如果猫感兴趣的是主人贵重的物品或活物，如亮晶晶的戒指、白滑滑的瓷碗、叽叽喳喳的小鸟或游来游去的小鱼，那么可要做好警惕了，千万别被猫"夺了"心爱之物，否则就"讨"不回来了。

（7）尾巴轻微摇摆

猫并不像人们想象得那样"雷厉风行"，相反，天生谨慎的它们对任何事物都抱有怀疑态度。因此，有时候难免会出现犹豫不决、"优柔寡断"的表情。慢慢摇晃尾巴就是它们犹豫不决、有点紧张的表现之一。如果猫觉得离地面太高，不敢向下跳，不妨用肯定、鼓励的语气增强猫的自信心。当然如果猫正对是否抓

家具犹豫时，还是不要鼓励为妙。除了犹豫或有点紧张外，轻晃尾巴也可能是猫贪睡的表现，比如当睡得正香被主人召唤时，猫眼睛也不睁一下，只会摇晃尾巴，意思是告诉主人"还想再睡一会呢！"主人还是不要在这件事上耍主人的权威。

（8）尾巴完全垂下

与犬一样，尾巴是猫的骄傲，自信或领头的猫会将尾巴翘得高高的，而自卑、胆怯的猫的尾巴则是无精打采地耷拉着，一副邋里邋遢、失魂落魄的样子。如果猫将下垂的尾巴夹在后腿之间，表示现在的情绪已经非常恐慌，随时有可能逃走；或在猫社群中地位较低的猫在遇到比自己地位高的同伴时，表示顺从。如果猫垂尾巴是为了向同类表示自己的顺从，那么主人最好不要横加干涉，因为人类的干涉极有可能破坏猫世界的规矩。如果猫是向主人表示顺从，那么一定要做出反应，接受猫"臣服"的表示，否则猫就会认为对方不是和自己"一路"的，以后也不再那么服管教。

（9）尾巴强烈摆动

煽风点火会让猫的火爆脾气大涨，猛烈摇晃的尾巴就是最好的验证，它在左右摆动的时候会在猫周围"煽起"看不见的"漩涡"，目的在于让对方也能感受到气压的变化，以起到震慑的目的。此时应先避免进一步刺激猫的情绪，最好用温和的方法来化解猫忿恨的情绪。

（10）尾巴晃动

猫的尾巴与耳朵、胡须、眼睛等部位相比，所表达的含义更加清晰，特别是当它期望对方能迅速理解自己的意思时，就有可能用尾巴作为传递信息的工具。如猫用尾巴轻柔地拍打主人的身体，表示很期望主人能够与它一同玩耍，此时不妨尽快回应猫，别让它对主人失望；如尾巴拍打得较为猛烈，表示现在它非常生

气，随时有可能发动进攻。如猫在享受午后的休闲时光，主人却偏偏还要不知趣地替它梳理毛发，猫就会用急速晃动（左右或上下）尾巴来表示自己的不耐烦，同时也是警告主人最好就此"停手"，自己是不会领情的。此时主人最好回避一下，当然主人不要狼狈地离开，否则猫就会以为自己很厉害，以后就更不会将主人放在眼里了。

（11）尾巴放在身旁

手持武器的人在和自己最信任的人在一起时，不会将武器继续握在手中，而是将其放在身旁，猫也是如此。在它感到非常安全、放松的时候，作为"武器"之一的尾巴就会放在身旁，表明自己现在真的非常放松，没有任何的攻击性。尽管猫将"武器"卸下，但主人不可一味地打扰猫，被打搅休息的猫的情绪会瞬间转变的。当交配期的雌猫做出这个动作，并将尾巴放在身旁时，则表明允许雄性猫与自己亲近。此时，主人还是不要上前打扰，除非你不想自己的猫太早当"爸爸"或"妈妈"。

7. 声音

俗话说"人有人言，兽有兽语"，每一种动物都有一套完整的语言系统，猫也是如此。当主人无法从猫的肢体语言中获悉它的真实意思时，就可通过猫的声音来与之交流。

（1）呼噜呼噜

猫发出呼噜声乍一听好像充满敌意，实际上却是猫感觉懒散或痛苦不适。例如，当主人给猫搔痒、抓挠下巴或猫伸懒腰翻滚时就会发出相关的声音；当猫感觉不适时，也会发出呼噜声音告诉主人。

（2）喵喵声

喵喵声是最常听到的声音，猫常会用这个声音与主人沟通。根据音调的高低，分为三种：一是低沉而温柔的喵喵声，这是猫

在向主人打招呼或对客人表示友好欢迎，如果主人用轻柔的声音与猫对话，猫也会用温柔的喵喵声回应；二是短促且音调较高的喵喵声，表示猫正在寻找"失踪"的主人，这经常发生在幼猫、患有疾病或天性黏人的猫身上，也表示猫的心情不太好；三是持久而洪亮的喵喵声，表示猫希望主人能够满足自己的愿望，如开门、准备食物或与自己一起玩耍，有时也可能是对主人的抱怨。

（3）呜呜

除了喵喵声外，呜呜声也是猫最常发出的声音，可以说是猫的"日常用语"，通常情况下是一种友好的表示。例如，如当猫妈妈听到幼仔的召唤后，就会发出呜呜声，表示自己离猫窝或幼仔很近，以此抚慰自己的孩子；大一点的幼猫在遇到比自己强壮的成年猫、妈妈或主人时，呜呜声就代表希望对方能和自己一同玩耍；当较强壮的猫遇到弱小的猫时，呜呜声就代表自己非常友好，没有敌意，不要感到害怕。

（4）唬——唬——

当猫心情不好时或遇到对自己有威胁的异类或同类时，就会发出这样的声音向对方发出警告。"警告声"较低沉，能使人很快地感觉到猫的敌意，尽管"发声者"可能怀里像揣了只兔子一样，心脏在"扑腾"、"扑腾"地乱跳，已经吓得恨不得立刻逃之夭夭。

（5）嗷哇——嗷哇——

这是雌性猫在发情期的叫声，也是雌性猫发情的最明显表现之一，俗称"猫叫春"。这种声音就好像是婴儿的啼哭声，发情无法得到满足时还会发出嚎叫声，在漆黑的深夜里会使人感到胆战心惊、毛骨悚然。

宠物猫的本能行为很可爱

1.吐毛球

吐毛球是猫自我保护的一种本能，原因是猫的舌头上有很多小肉刺，猫在梳理毛发的时候将会把脱落的毛发"吞进"肚子里，并且有的猫有异食癖，喜欢吞食一些奇怪的食物，如线头、头发等，这些异物无法被胃肠消化掉，时间一长就会在猫的胃中形成团状，引起身体不适，因此猫要定时将胃中的毛球吐出。有的猫吐毛球速度较快，有的吐出来较费力，但主人都无需担心，这是正常的事情。一旦发现猫吐不出毛球，可给它吃一些花生油或鱼肝油，促使毛球通过粪便排出。此外，如果猫吐毛球过于频繁，千万别忘了给它补充营养，有了充足的营养补充，猫才不会吐得"面黄肌瘦"。

2.装死

在这个世界上，不光负鼠懂得装死来求生，当猫受到强大的刺激后同样会做出这种本能行为。原因很简单，猫在受到一定的刺激后，体内就会分泌出麻痹物质，这种物质进入大脑后，就会使它失去知觉，从外表上看好像一命呜呼了。猫装死的时间短则几分钟，长则可达数小时，主人在确定猫无疾病或外伤后，可暂时放心，如果实在担心最好带它去就医。

3.吃草

有句话说得好："世界上没有吃素的猫，更没有无缘无故吃草的猫。"为何猫放着香喷喷的鱼肉不吃，却偏爱吃发涩的青草呢？原因一：为了吐出腹中的异物。青草中也含有维生素和膳食

纤维，是猫最喜欢的催吐剂，它能帮助猫将腹中的毛球、寄生虫或有毒食物吐出来，是猫自我保护的本能。原因二：猫和人一样，需要补充叶酸。平时的食物营养虽然丰富，叶酸含量却非常低，因此猫就要自力更生从大自然中寻找自己需要的营养。原因三：青草中含有的某些成分具有促进消化的作用，当贪吃的猫感觉胃肠不适后，就会用青草当作消化药。

4.射尿

猫射尿与犬遗尿非常相似，都有规划自己的地盘的意思。不同的是，犬常年都能表现出这种本能，而猫仅在发情的时候才表现出这种让主人感觉十分头痛的情况。但猫的射尿行为通常只持续一周，在这段时间内，猫的尿液味道非常浓，它要让异性知道自己已经到了可以恋爱的年龄，是很有"男人味"的，有助吸引发情中的雌猫。同时，射尿也是警告"情敌"，希望它们能够知难而退，不要企图与自己争夺爱人。

5.洗脸

大多数人认为，猫洗脸是因为它天生爱干净，但也有以下几种作用：一是胡须是猫重要的触觉器官，但是很容易因沾上灰尘而"失灵"，因此在洗脸时让胡须变成最有效的"雷达"；二是猫是很敏感的动物，特别是面部的神经分布比较密集，洗脸能起到"按摩"的作用；三是猫洗脸还有"天气预报"的作用，因为下雨前空气的湿度较高，猫身上的跳蚤将会蠢蠢欲动，此时猫洗脸是为了将"带头的"跳蚤"解决掉"，并警告其它跳蚤"不要太过分！"；四是猫的唾液能够溶解皮毛中的维生素 D，猫在洗脸时将维生素 D 舔进嘴里从而获取营养。

6.掩埋排泄物

由于排泄物的气味非常浓，为了避免气味被"敌人"嗅到，使自己的行踪暴露而受到敌人的袭击，猫就会用土或砂子将排泄

物盖住，不给敌人一点可趁之机。因此，在家中为猫准备一盆猫砂，以免将地板、地毯等抓坏或将小爪弄伤。

7.捕猎

捕猎是猫的一种本能，虽然没有受过"专业性"的训练，但这种本能让猫成为天生的好捕手。只不过环境条件所限，猫无法充分展现自己的才华，只能利用小蚂蚁、小蟑螂、小麻雀、滚动的小皮球过过"手瘾"。

8.蹭脸

与射尿一样，猫蹭脸也是为了留下自己的气味，不过更准确地说，猫不是蹭脸而是蹭胡须的根部。因为在猫胡须的根部有一个能够散发自身气味的毛囊，猫在蹭脸的过程中会将气味留在被蹭的物体上，无非是在昭示这里或某个物体已归属于自己。至于猫蹭主人也是出于占有欲，希望主人能够只属于自己。

9.磨爪

让猫停止磨爪是不可能的事情，因为这是猫不可改变的本能。第一，猫磨爪的目的是将爪子外老化的角质磨掉，从而使其变得锋利无比、所向披靡；第二，如果猫比较胆小，磨爪的行为就会更加频繁，为了让自己"镇静"下来；第三，用爪子扣紧物品，然后使其掉落是一件非常痛快的事情。另外，如果有潜在的"入侵者"出现，猫也会磨爪子，目的是警告对方不要贸然行事。如果猫在磨爪时总是盯着他人，完全是警惕的本能所在。

10.磨牙

猫在进食、游戏或捕猎时需要用到犬齿进行撕扯，所以为了保持牙齿的锐利需要经常磨牙。此外，幼猫在长牙或换牙的时候由于牙齿根部或牙龈非常痒，也需要进行磨牙止痒。因此，主人应当为猫准备稍硬一些的口粮以及无毒无害的专用磨牙棒，让猫无后顾之忧地尽情磨牙！

11. 早晚兴奋

外表可爱的猫其实是"夜行游侠",从它们的瞳孔就可以看出来。猫在享受日光浴时瞳孔就会缩成一条缝,此时它就和"睁眼瞎"一样,但是一到阴暗的地方或黑夜,瞳孔就会放大,对黑暗中的东西看得一清二楚。所以,猫在黎明或傍晚特别活跃就不是一件奇怪的事情了。

12. "恐水症"

不少人都知道猫是十分怕水的,但很少有人知道其中的缘由,根据科学家的研究发现,很多动物的皮毛都是防水的,但猫的皮毛却无法抵御水的"侵袭",淋湿的皮毛会使猫感到十分不舒服,猫对水的抵触情绪自然就大了。幼猫期是猫习惯发展的重要时期,很早接触水的幼猫成年以后对洗澡就不会再排斥了。幼猫在两个月龄时才能洗澡,在此之前不要让它看到其它猫洗澡时的"惨烈"情景,更不要用水枪等对它进行恶作剧,以免对洗澡和水产生负面影响。

13. 选择高处睡觉

猫虽是捕猎性动物,但是由于体型较小,因此对任何庞大事物都有一种天生的恐惧感,出于自我保护的本能,猫往往选择高处作为自己的"占据点",因为在动物界,对猫能产生威胁并且会爬树的动物很少。也正因为如此,在生活中就会常见到猫跳到餐桌上、柜子上,哪怕被驱赶几十次也仍然执着向上。特别是在睡觉的时候,它宁可忍受又硬又凉的柜子顶也不愿意睡在软软的褥子里。在高处睡觉虽然是猫的一种本能,但依靠训练与调教是完全可以纠正的。

14. 安静地死去

虽然猫有时会"离家出走",通常好几天都不会回来,但不管怎么样它们都记得自己的家,记得主人对它的好。可是,猫一

且发觉自己的生命所剩无几后，就有可能离开最爱的家，自己找一个安静、隐秘的地方等待死亡的来临。不过，由于生活环境的变化，有的猫并不会离家出走，而是躲在自己的窝里不肯出来，并且拒绝与主人进行"沟通"，最后在窝里离开这个世界。

15. 不识亲子

猫是一种忘性很强的动物，据科学家试验结果表明，雌性猫的记忆力只能维持 7 天，一旦超过 7 天没能和自己的孩子在一起，就会将自己的孩子彻彻底底地"赶出"自己的记忆。此时，不要以为猫妈妈遇到自己的孩子就会"手下留情"，在健忘的它们眼中，这些小猫有可能只是争夺主人宠爱或争夺领地的侵略者，所以主人还是不要企图唤起它的"母子深情"。

宠物猫的异常行为惹人疼

1. 进入"小猫状态"

猫是一种非常"怀旧"的动物，特别是没有断奶就离开妈妈的小猫对母乳特别留恋，会将自己喜欢的物品或人当作"奶嘴"，津津有味地吸吮。当猫吃奶的时候，还用小爪子按摩猫妈妈的乳房，目的是为了能分泌更多的乳汁。出于对童年的怀念，猫也会用相同的方法"对待"视为亲人的主人，用小爪按摩她（他）的胸部。当猫进入"小猫状态"后，主人尽可能保持静止，不要打扰猫对"幼猫期的回忆"，充满童趣的猫是更惹人疼爱的。

2. 分娩时虐杀猫仔

有的养猫者会非常感到震惊，自己明明没有干扰母猫的产仔全过程，为什么母猫在分娩的过程中会吃掉自己的猫仔？母猫分

娩时食仔的原因较复杂，异类干扰只是其中的一个原因，还有其它的原因，例如：一是母猫在妊娠期间蛋白质或某些矿物质不足，致使神经系统出现异常；二是在产前产后摄水不足，再加上生产环境的温度过高，生产时水分流失，导致母猫口渴；三是母猫曾经产过死胎，在吞食死胎后就形成了吞仔的怪癖；四是猫幼仔有人类无法发现的畸形，母猫认为幼仔不会存活；五是母猫的母性本能没有发育或天生不具有母性，在生下幼仔后由于受到刺激，有可能做出杀死幼仔的行为；六是幼仔已经死了，母猫处理尸体的方式之一就是吃掉它，在我们的眼里就有可能是母猫正在虐杀幼仔。

3. 吸吮自己的乳房

通常是还未到青春期的猫吸吮自己的乳房，雌雄都有。它们与人类一样，对自己身体的变化感到十分好奇，特别是变化较大的乳房等部位，同时小时候"吃奶"的记忆复苏，因此就会做出吸吮自己乳房的行为。此行为是一种自我伤害的行为，经过吸吮的乳房很容易变得大小不一，而且易使正在发育的乳房发生病变。

4. 游戏时咬人

众所周知，捕猎是猫的天性，而这项"技能"通常是在与其它猫的游戏中得到锻炼的。在游戏中，猫会将对方当作假想敌，进行捕猎游戏。如果主人与小猫玩耍，猫就会将人当作游戏的对象，并理所当然地将捕猎游戏"照搬"过来，在玩到忘形时就会突然咬人。

5. 接受爱抚时咬人

出于自卫的心理，猫会用爪子抓或用利牙咬"敌人"，但有时也会不分青红皂白就"袭击"主人，这通常发生在雄性猫接受爱抚时。有的猫会在咬人之前用低沉的咆哮、猛甩尾巴或颤抖皮

肤等动作来警告主人，但也有的猫会突然袭击。根据动物学家的研究，他们提出 3 种理论：一是并不是所有的抚摸都会让猫感到舒服的，当猫对主人的抚摸感到反感，但又不知如何"开口"诉说时，就可能用咬人的行为表达自己的真实感受；二是抚摸让猫感到十分舒服，有时会进入梦乡，如果主人的"手法"重一些，就会使猫惊醒，被惊醒的猫一时间无法进入状态，出于求生的本能就会一口咬下去；三是猫感觉到室外有其它猫或者"敌人"的出现，就会认为自己受到威胁，过于紧张的它们会将气"撒"在主人的身上，发生"咬人"的事件。

6.静卧时打呼噜

猫在真正入睡时是不会发出呼噜声的，它其实仅是猫假声带出现震动，并通过喉腔与真声带和软骨环发生共鸣而发出的声音。一般情况下，幼年猫由于假声带尚未发育成熟，所以很少"打呼噜"。猫"打呼噜"是精神放松、舒心惬意的一种表现。

7.做梦时颤抖身体

几乎所有的哺乳动物都会做梦，智力相当于一周岁半婴儿的猫做的梦更加复杂。例如，胡须颤抖、身体发抖、小爪蠕动、尾巴抽动，有可能是猫在与假想的老鼠对峙；如抬头、梳理毛发则有可能是将日常习惯在梦中再现。

8.起床时做"体操"

这套"体操"是大多数猫起床后必做的动作，目的是使长时间躺卧的身体恢复睡前的状态。例如，使心跳适当加快，为身体提供充足的血液；增加肌肉的弹性，防止在活动时因肌肉粘连而出现痉挛、挫伤等；活动关节，使关节及连接骨骼的韧带充分活动，起到"热身"的作用，以免因突然奔跑或跳跃等活动造成身体上的损伤。

9.照镜子时慌张、害怕

大多数的猫没有从小就养成照镜子的习惯，当猫看到镜子中的自己后，第一反应就是害怕，它以为自己与对方这么近，极有可能受到攻击，于是就表现出慌张、害怕的样子。为了掩饰自己的胆怯，有的猫还会做出反击的动作，来警告对方。

10. 捕猎时"玩弄"猎物

这只是猫在"回忆"妈妈传授的捕猎技巧。被猫妈妈带大的猫在幼猫期间，会跟着妈妈学习捕猎行为，通常是妈妈将猎物带到幼猫面前，但并不让它吃掉，而是在"猎物"逃跑的时候让它抓回来。如此反复，直到幼猫掌握了抓捕技巧。当猫长大后，由于对童年生活的"缅怀"，在吃饱喝足之际就会重复曾经学过的捕猎技巧。

11. 将猎物带给人

有的人会遇到这样的事情，早上睡醒了发现枕边摆着老鼠或发现在家中某一个地方摆着老鼠、昆虫的尸体，有时在桌子上还会摆放着奄奄一息的金鱼，然而猫正站在一旁冲人咪咪直叫。面对这种令人毛骨悚然的"犯罪现场"，相信所有的人都感到疑惑，这难道是猫的恶作剧？平日乖巧的猫怎么会和主人开这样一个"玩笑"呢？如果你也这么想，那就大错特错了。因为对于猫来说，为主人或他人准备这样一份"礼物"不是恶作剧，就像是猎人打猎后将猎物带回家一样正常，这是在向对方表示好感。

12. 在陌生环境中格外兴奋

猫对环境的依赖程度很高，原因是经过长时间的生活，它已经使自己的气味散布到家中的每一个角落，这会让它感到非常安心，一旦突然进入一个陌生的环境，猫不仅嗅不到自己的气味，还会闻到各种奇怪的气味，这会让它感觉自己身处险境，周围充满了看不见的敌人，从而使神经变得异常紧张，出现过于兴奋的状态。

13.一个人在家时藏东西

猫并不像犬那样黏人，但是当主人的作息突然改变时，如早走或晚归等，留在家中的猫就会感到十分不安，将主人的衣物拖到自己的窝中。这样做的原因有二：一是使主人的气味包围自己；二是将主人经常穿的或用的东西藏起来，主人就不会不辞而别了。

14.客人来访时躲起来

与犬"自来熟"不同，猫对任何人都怀有一定的戒心，特别是第一次见面的客人。猫在没有将来客的各种讯息"录入"大脑前是绝对不会主动亲近的，而是躲在某个角落，静静地观察客人的一举一动。当猫出来时，主人不要主动去抱它，而是让猫主动"投怀送抱"。当猫肯接近客人时，可在客人的手里放一点猫喜欢吃的食物，然后将手放到沙发或自己的腿上吸引猫。当猫的警戒性稍微放松后，客人可试着摸摸猫的头部、下颌，并和它做游戏。

第三章　与宠物安全相处的“调教法则”

　　宠物犬作为人类最好的朋友，与人类关系十分密切，与人类共同生活在一个屋檐下，其各种行为会对我们的生活产生或多或少的影响。其不良行为会给我们带来很大的困扰。

调教幼犬不能要求太高

　　幼犬活泼好动，"坐不住"，与儿童习性接近，因此，不能要求太高，不要强求幼犬什么都能服从，但对于不希望犬去做的事应明确表示"不行"。循序渐进，犬会学会服从而不任性。惩罚应在犬犯规时进行，事后算账，犬不一定能明白。犬的本能是后天训练的基础，而训练者的科学培训，是造就优秀犬的必经之路。我们看到的优秀军犬、警犬以及马戏团会数数字的聪明小型犬，都是经过培训而成的。与儿童学习知识相似，犬也有接受训练的最佳时间，对于大多数的犬，1岁之前的训练至关重要，幼犬出生后45天断奶，到3个月时可以开始训练一些简单的口令，如衔物、嗅物、起立、趴下、敬礼等动作，幼犬不一定完成得很出色，但这些基本动作与口令的条件反射训练，是今后进一步训练的基础。小型犬到1岁多已发育到身体成熟，而德国牧羊犬、大丹犬和圣伯纳犬等大型犬则到2岁时身体发育才成熟，但1岁的工作犬就有能力参加"工作"了，1岁的伴侣犬也会完成许多较为常见的动作。

　　幼犬训练的最理想时期是在其出生后70天左右开始。另外，平日训练则从幼犬到家里之日开始，循序渐进慢慢地进行。这个阶段，幼犬尚未染上任何恶习，而且力量比较弱小，这对饲养者来说就比较省力。出生后1年，犬就能达到成年，体力也增长不少。这阶段要训练的话，就要花上一定的体力，而且要有一定的耐心。例如，要牵住一条重9千克左右的犬，不让它向前跑或扑，在散步过程中无缘无故地吠叫，随处大小便，看见人就扑上去

等，矫正就比较吃力了。在幼犬时期，如要纠正得花上 2～3 个月的话，那么纠正成年犬则要花上更长的时间。

犬成长最快的是出生后 1 年。这期间，脑逐渐发育完善，也是犬学好学坏的关键时期。因此，在这一年里，是训练犬的最佳时期。但不要认为，犬已经长大了，恐怕不能再训练了。事实上，无论多大的犬都能接受训练。不过，和从幼犬时期训练相比，则要花上更多的体力和更大的耐心。如果是以前没有花更多时间来照料或放任其自由的犬，已经染上了恶习，则要花上 2 倍、3 倍甚至更长的时间，但无论如何对自家的犬应抱有信心，经过训练一定能调教好。

幼犬训练可分为两大阶段：首先，从到家之日起就开始训练，例如固定睡觉、排便地方等；其次，服从训练，一般在出生后 70 天开始，例如坐下、站起来等。成犬训练也是分阶段的，不要过早地检验犬的本领，尤其是凶猛的扑咬，应该让犬听从命令，使之成为训练有素的工作犬或活泼聪明的观赏犬。

了解犬的条件反射活动

犬的正常反射活动，包括生而有之的非条件反射（本能）和后天获得的条件反射。

非条件反射主要有以下方面：

1.食物反射，犬见到食物后或闻到食物的气味时，唾液的分泌量增加；

2.探求反射，犬为适应生存环境，对外界环境中的事物有用鼻子嗅辨的现象，以判断对自己有无危害；

3.防御反应，犬对陌生人和动物有戒心和警惕性，对进攻者扑咬为主动防御，对进攻者躲避是保护自己的被动防御；

4.自由反射，犬喜欢无拘无束地到户外活动，与主人一同戏耍，这种天性为自由反射；

5.猎取反射，犬对周围物品有兴趣，衔取物品或者运送物品，是相关训练的基础；

6.性反射，性成熟后，公、母犬都会有接近异性犬、交配生育的本能，是进化繁衍的需要。

而条件反射是后天获得的，是建立在非条件反射的基础之上的生理活动，是训练的结果。

例如，见到主人穿鞋、穿衣服，犬会明白要外出活动，立即奔向门口；听到主人的脚步声，犬会站在门口迎接回家的主人；听到主人呼唤"犬友"名字，犬会兴奋摇摆尾巴，以示高兴。经过训练后，犬能服从主人的相应命令，完成一系列复杂的动作。

调教宠物犬时的必备素养

1.科学的方法

训练是一门艺术，具有很强的科学性，要从动物心理变化的角度进行思考，按照一定规矩驯犬，不能把犬当成玩具，想起来就教几下，无规律，不负责任，无连贯性，长此下去，犬会无所适从。

2.表扬和鼓励为主

犬不会一学就会，因此，只要犬努力去做，主人就应该话语亲切地予以表扬，并用少量食物奖励犬，建立良性的条件反射。

3.幼犬的训练

幼犬活泼好动，"坐不住"与儿童习性接近，因此，不能要求太高，不要幼犬什么都服从，但对于不希望犬去做的事应明确表示"不行"。

4.与犬友善相处

这是犬认同主人的基础：犬爱憎分明，因此，平时多为犬梳理被毛，多抚摸观赏犬，有利于建立信任，犬会熟悉人的气味、声音和态度。犬高兴时训练效果会好很多，而强迫训练会引起犬的反感。

5.合理约束犬

若想让犬完成口令，应该让犬理解你的口令的意思，手势、示范和口令的合理应用是必要的。手势要尽量简单，最好统一，不要家中三个人三种手势，犬不知哪种手势对就不好了。示范是必要的，随着口令和手势教犬做动作，是有效的训练手段。口令以短为主，配合口气和声调的变化，例如："好"、"乖"、"听话"，最好以中等口气和音调讲出；"停"、"别动"的语调应高声而严厉；"过来"、"走"等口令应短而坚定。这样，犬也能适应主人的意图。

6.探索与交流

宠物主人间应多交流，从别人驯犬实践中得到启发，在实践中可以探索适合自己犬的训练科目。别人好的经验是值得借鉴的，因为不同品种的犬在接受能力上是不同的，同一品种的犬的不同个体在理解能力和性格上也有区别。如同为大型犬，德国牧羊犬（黑贝）与大丹犬、藏獒有较大的区别。德国牧羊犬各方面素质均衡，勇敢、威武，服从性均出色，是万能的"工作犬"，易接受训练，学本领快，是世界上广受欢迎的军犬和警犬，饲养数量在北方地区是大型犬中最多的。以黑贝犬的标准去要求大丹

犬和藏獒则太难为它们了，所以，期望值也不应相同。在德国牧羊犬中，军犬与民养犬也不一样，这是因为选择的标准和要求不同。以解放军（昌平）军犬繁育基地为例，这里的种犬一般是从德国、俄罗斯等国购买的军犬，血统、外形、素质均好，其后代的训练主要考察勇敢、服从性与嗅探物的能力；民间养犬则注重血统，主要考虑个体体形和外观。这就不难理解为什么军犬并不一定个头有多大，而老百姓的黑贝却个大的原因。

训练犬有一定之规，但无千年不变的套路，实践中的探索永无止境，而不断交流是相互提高的途径。

7.利用犬的习性训练

犬的习性（或称生物学特性）是长期生存中形成的，因势利导是科学的驯犬方法。兴奋和抑制是犬的神经系统的活动，不同犬的兴奋与抑制更替的速度有差别，兴奋与抑制强弱明显的犬，属于易于训练的犬只；抑制过程占优的犬，属于不活泼型的犬，喜静而动作缓慢，这种犬一旦掌握某种本领，就很难遗忘；过于抑制的犬，表现为胆小怕事，训练中颇费力气，一般被淘汰。就品种而言，牧羊犬一般性情稳定，吃苦耐劳；猎犬活泼外向，偏于兴奋型。但环境是否封闭，接触外界事物的机会和频率，是否接受训练，是犬本领大小的最终决定性因素。

熟练掌握驯犬的基本方法

1.食物奖励方法

即用食物作为奖励手段，鼓励犬的行为与动作的完成。主人手拿美食，让犬完成一些动作，如蹲、坐、冲、停、回来等，完

成动作好时才给予美食，使犬通过条件反射懂得服从和完成动作的好处，从而培养能力。这种方法易在人与犬之间建立联系，但非万能，如果犬对此美食兴趣下降，对动作的完成不利。

2. 机械性方法

这种方法将生理刺激方法与有疼训练相结合，采用压迫、抖动牵绳（牵引带）、手打、抚摸等方法，使犬连续完成一些动作。这种方法适用于神经系统强的犬，但应注意到这种方法虽然使犬产生一定的畏惧心理，但犬对主人的信任度会下降，依恋心理会受到影响，对训练的兴趣下降。

3. 对比方法

这种方法是将机械性方法与食物奖励方法相结合，在犬完成一些强制性训练（但不粗暴）科目后，立即给予食物奖励。该方法能使主人与犬之间建立起好的牢固关系，是最常用的基本驯犬方法。

4. 模仿训练法

将训练有素的犬与新训练的犬一同训练，使新犬耳闻目染，会提高训练效果。这种方法多用于工作犬的训练中，也见于猎犬的狩猎训练。

5. 训练的程序

训练总是从简单动作开始的，由易到难，逐渐进行。一般情况下，姿势训练是最开始的科目；一定让幼犬从开始训练时就能服从指挥，并有兴趣参加训练科目。由于训练时外界环境对犬的注意力有很大的影响，因此，应该选择安静的环境来训练犬，而且参与训练的人不能太多，以免你一言、我一语，口令不统一，犬无所适从。当犬做到你所要求的动作时，应给予抚摸和口头奖励，但是应注意训练的时间不能过长，时间过长，犬的注意力不易集中。其次应运用条件反射的原理，将口令与手势结合，使犬

明白动作和意图。在犬完成动作后，对犬应给予奖励（包括食物），但对不正确的动作应及时予以纠正和制止，并且将此原则贯彻始终。动作的巩固与提高：不断地重复训练内容，让犬在人多或环境嘈杂的条件下表演，以检查训练科目的掌握程度，重复训练是巩固条件反射的手段。

6.基础训练内容

犬的基础训练内容包括：坐、衔物、来、与人并行、扑、搜寻、看护物品，应对声与火，以及定点大小便等。

（1）坐

"坐"是犬训练的基础课，可用手势帮助犬理解，当口令下达时，让犬的后肢屈曲而坐下，保持前肢直立，反复训练，以求动作与口令的统一。当犬掌握了坐姿口令之后，再进行下面的训练。

（2）来

"来"的口令下达后，手势应像招呼小孩一样，右手伸直向前，手心向下，手掌上下摆动。主人牵着犬链，叫犬的名字，当犬听到后，再发出"来"的口令，重复口令多次后，配合手势一起来做；若犬无动作，则用左手轻拉牵引链，同时主人向后退，让犬过来；当犬完成来的动作后，应予以鼓励；当犬懂得"来"的口令后，可与犬保持一定距离，不拉犬链，发出口令并做出手势，让犬完成动作。当犬成功地完成"来"的动作后，可以不用手势，仅靠口令指挥犬完成动作。

（3）与人并行

训练犬与人并行十分必要，让犬按照人的意愿在人的左侧行走，与人步行速度相协调，既不超前也不滞后。口令以"靠"字为主，配合左手轻拍训练犬左腿2～3下的手势。训练时，主人左手拉牵引带，让犬随行。

与幼犬培养感情的方法

1. 与幼犬感情培养的方法

（1）亲自喂食

俗话说"人恋恩，狗恋食"，食物是犬类动物与人类在一起共同生存的根本驱动力，也是犬生存的第一要素。远古的犬就是因为发现和人类在一起经常会得到人类食后遗弃的食物残骸，才与人类相伴到今天。因此，在早期培训与调教阶段一定要亲自喂食，满足犬的第一需要，以增进彼此的信任和情感，使犬的依恋性不会因他人喂食而减弱。

（2）给犬准备一个舒适的窝箱

幼犬购回后，应将犬放在准备好的室内犬的床上，而不应放在院中或牲畜棚中，使犬与主人建立初步感情。

（3）多与幼犬接触

幼犬购回后，主人每天都必须花费一定的时间陪伴和调教它，不断地设法与幼犬交谈、游玩、逗乐，使幼犬感到无穷的乐趣，喜欢与主人在一起戏耍，对主人产生依恋性，从而确立犬与主人的初步感情。

（4）呼叫幼犬的名字

每条犬都有自己的名字，简单易记的名字往往让幼犬能愉快地接受并牢牢记住，主人必须尽快让犬习惯于呼名。犬在没有习惯呼名前，犬名对犬来说只是一种无关刺激的信号而已。当主人多次用温和音调的语气呼唤幼犬名字时，呼名的声音刺激可以引起犬的"注目"或侧耳反应，这时主人应该给犬喂食，或进行带

它散步等亲密的活动。通过有规律的反复之后，主人对犬的呼名就具有一种指令性的信号作用，犬习惯于呼名。但主人也要注意，不要不分场合和时间总把犬的名字挂在嘴边，这样即便每次召唤都给予奖励也易使犬产生抑制而不听召唤。

（5）带幼犬适当进行运动

带幼犬适当运动，给其自由活动的机会，可以消除犬的戒备，在跑动中愉快地呼唤犬的名字，并适度地抚拍，可增进犬对主人的依恋性，也使幼犬得到了运动锻炼。

2.呼名训练的方法

（1）给幼犬取名

给幼犬取名，可根据犬的毛色、性格及自己的爱好来取名，最好选用容易发音的单音节和双音节词，使幼犬容易记忆和分辨。如果幼犬有两只以上，名字的语音更应清晰明了，以免幼犬混淆。

（2）选择适宜的时间和地点

应选择在犬心情舒畅、精神集中的地方，在犬与主人或别人嬉戏玩耍或在向主人讨食的过程中进行。训练必须一鼓作气，连续反复进行，直到幼犬对名字有了明显的反应时为止。当幼犬听到主人呼名时，能迅速地转过头来，并高兴地晃动尾巴，等待命令或欢快地来到人的身边，训练就初步成功。少数犬如北京犬就会装耳聋，明明已听到呼它名字，却不做出反应，所以应在训练中注意这一点，发现后及时纠正。

（3）利用食物奖励和抚慰训练方法

在幼犬对呼名有反应后，立刻给予适当的奖励（如食物奖励或抚拍）。另外，切忌在呼犬名时对其进行惩罚，使犬误认为呼其名是为惩罚而不敢前来，影响训练效果。

（4）呼名语气要亲切和友善

在训练过程中要正确掌握呼唤犬名字的音调，同时要表情和蔼友善，以免造成唤犬名引起害怕，尤其是当犬一听到呼名做出反应或马上跑回到主人身边时，不仅要轻轻拍它，而且也要表现得很亲近温和，使犬逐渐形成一种条件反射，呼叫来就必须过来，就会得到一种好处。

（5）犬名只能固定一个，不能随意更换

如果不同的家人、不同的场合和不同的阶段对犬名的叫法不一样，就会给犬造成混乱，也不便于犬对名字形成牢固的记忆和条件反射。

（6）犬名要有易辨性

在幼犬调教和训练过程中，如果犬名与常规训练科目同音，会造成犬将主人呼唤的名字与要求执行口令相互混淆。同时，由于犬与主人及家人同在一个生活环境中，如果犬名与家人名字有同音字，则容易造成呼唤犬名的混淆。

3.安静休息训练的方法

宠物犬对人的依恋性很强，与人在一起时会安心地卧在脚旁或室内某一角落。当犬主休息或外出时，它会发出呜咽或嗷叫，尤其是小型的伴侣犬、玩赏犬，从而影响主人休息或周围的安宁。

（1）选择犬窝

首先要为幼犬准备一个温暖舒适的犬窝，里面垫一条旧毯子。先与犬游戏，待犬疲劳后，发出"休息"的口令，命令犬进入犬窝休息。如果犬不进去，可将犬强制抱进令其休息。休息时间可以由最初的3～5分钟慢慢延长到10～20分钟，直至数小时。

（2）放置一些玩具

把小闹钟或小半导体收音机放在犬不能看到的地方（如犬窝垫子下面），当主人准备休息或外出时，令犬进去休息。因为有

小闹钟和收音机的广播声（音量应很小）可使犬不觉得寂寞，从而避免犬乱跑、乱叫。经过数次训练之后，犬就形成安静休息的条件反射。

（3）注意事项

在安静休息的培训与调教过程中，除了主人以外，其余人员在对幼犬的教育训练上应保持同样的认识，采用统一的口径。对幼犬做出的某一件事，如果有人态度暧昧，有人训斥责备，幼犬就会很迷惑，不能分清是对是错、该不该做。如幼犬发出呜咽或嗷叫时，应立即斥责批评；当幼犬按照指令安静休息时，则要表扬。在训练中最重要的是必须坚持不懈。

4.唯主是从训练的方法

如果主人想拥有一只完全听从自己的犬，和主人一起度过所有的欢乐时光，这是完全可以做到的，但要求幼犬的饲养、管理、调教和训练由犬的主人亲自进行，不得允许他人接触抚摸、奖励和饲喂犬。主人要使犬确信，在这个世界上只有你是最爱它的，因而主人应请他人经常对犬进行挑衅和威吓，主人则对其进行惩罚，与此同时对幼犬则奖励。一段时间后，幼犬就会养成唯主是从的习惯。有些品种的犬天生具有这种习性，如京巴犬、八哥犬、藏獒、日本秋田犬等。

5.定时定点采食训练的方法

有些犬主因工作较忙，每天早晨给犬足够的食物，以便犬的全天采食。这种做法极不科学，也很不卫生，特别是夏天，由于食物放得太久容易变质，犬采食后就会导致腹泻。幼犬习惯在固定的场所采食，如经常更换采食地点，可能会引起犬的食欲不正常。因此，养成幼犬定时定点采食的良好习惯是很有必要的。

（1）定时采食

幼犬期间，每天不管是喂1次还是2次，最好都在相对固定

的时间内喂食。定时饲喂可以使犬每到喂食时间胃液分泌和胃肠蠕动就有规律地加强，饥饿感加剧，使食欲大增，对采食及消化吸收大有益处。如果不定时饲喂，则将破坏这一规律，不但影响采食和消化，还易患消化道疾病。幼犬通常每天可喂 3 次，早、中、晚各 1 次，且每次的饲喂时间应相对固定。不同季节的饲喂时间不尽相同，通常春季、冬季饲喂时应早餐宜晚、晚餐宜早，夏季、秋季饲喂时应早餐宜早、晚餐宜晚，以保证幼犬的正常睡眠时间，但应注意同一季节内的饲喂时间应相对固定。犬采食后离开食盆时，即使食物还没有吃完，也要拿走食盆，这样做既卫生又方便饲养管理，更利于定时采食习惯的养成。

（2）定量采食

每天饲喂的日粮要相对稳定，不可时多时少，防止犬吃不饱或暴饮暴食。随着幼犬的生长，应及时调整饲喂量以满足幼犬的生长发育。应注意，不同个体间的食量可能有差异。中小型犬通常按每千克体重饲喂 20～25 克饲料，基本能满足幼犬的营养需要，同时可保证幼犬在 10～15 分钟内吃完。当然犬主应根据幼犬采食时和采食后的行为来判断喂量是否合适。幼犬如果在 5 分钟左右采食结束，且仍然舔食盆上残留的饲料，表明饲喂量可能不足，需要适量添加；如幼犬在 15 分钟内不能吃完，且在采食过程中时而离开，时而返回继续采食，表明饲喂量可能过多，需要适量减少。

（3）把握饲喂时机

可在正常饲喂幼犬的时间内进行，但必须保证幼犬处于饥饿状态，这样才能准确地把握每次的饲喂量。

（4）与不良采食行为的纠正同步训练

在进行定点定时采食训练时，可与幼犬不良采食行为的纠正同步进行，这包括拒绝吃陌生人的食物、不偷食、不随地拣

食等。

6.定点排便训练的方法

培养幼犬定点排便是使幼犬有良好行为习惯的重要手段之一，特别适用于家庭养犬。犬主可以通过对幼犬的训练，使其到固定地点排便。仔犬一旦会爬行就离开犬窝排便，幼犬喜欢嗅找从前排便过的地方。如果幼犬住在房间外或能自由进出的犬舍，会自己选择排大小便的时间、地点，此时只要在幼犬经常活动的地方放些泥土或乱草，很快幼犬就会选择这一地方作为"厕所"。为了防止幼犬外出时随意排便而污染环境，在这一阶段要加强定时定点排便训练。室内养犬时，一般可放在走廊或阳台、浴室的角落，放有旧报纸或硬纸板并铺上一层塑料薄膜作为简易的厕所，也可训练幼犬到移动厕所排便。

（1）排便地点

应较隐蔽。在犬舍隐蔽处选固定角落，放置一张报纸或塑料布，上面撒些干燥的煤灰或细砂，上放几粒犬粪，表明过去曾有犬在此大小便。

（2）关注犬排便前的举动

排便训练的关键一点就是要掌握犬在排便之前有何特殊的举动。不同的犬会有不同的举动，有的犬大便前会来回转个不停，有的则是忽然地蹲下来。幼犬的训练应充分利用犬吃食后想排大小便的机会加以调教，主人立刻将犬抱进已准备好的带有泥土或杂草的盒子里，训练犬"如厕"，幼犬每3小时左右一次。发现犬有排便的预兆，如不安、转圈、嗅寻、下蹲等，立即将犬抱进盒子里或人用的厕所里让它排便，经过5～7天，犬一般就会自己主动到自己的厕所或固定地点排便。

（3）正确奖励方法

在掌握了犬排便前的举动后，当出现这些征兆时，立即把它

带到事先选择好的排便地方，直到排便结束，立即进往奖励，可喂给食物或抚摸。当犬在一定的时间内排完便后，应充分地奖励它，然后在犬熟悉环境里游戏、玩耍后，让犬回犬床睡觉。如犬仍然随意大小便，或因发现过晚，犬已开始排便，给予斥责并强行把它带到应去的地方，令其排便，数次重复后，犬就能学会在指定的地点排便。

（4）不能用粗暴的方法惩罚

在犬已排便后训斥是毫无意义的。甚至有人把犬拖到排便物前，按下犬头让它嗅闻，边打边训斥，这种方法是极其错误的，只会给犬造成"被虐待"的坏印象。这种印象一旦形成，会使犬产生上厕所是件可怕的事，即使再带它到厕所里，它也不会排便，甚至会躲避主人，事后在一些隐蔽地方排便。

（5）地点应固定

选定的排便地点要固定，这样有利于犬形成条件反射。如果经常更换，会给犬造成可在任何地点排便的假象，定点排便也就失去意义。

（6）掌握幼犬生活规律

定点排便训练前应掌握幼犬的生活规律，同时还要注意犬的健康、饮食等方面。犬通常在采食后 0.5～1 小时及睡觉前后 0.5～1 小时排便的可能性较大，应重点关注这两个时间段内幼犬的举动。如犬能在指定地点排便后，可进行定时排便训练，定时排便训练必须保证饲喂的定时。幼犬如果患上痢疾，首先要进行治疗，让幼犬恢复健康后，再进行定点排便训练。

（7）排便时要保持安静

看见幼犬遗便要保持安静，不可失声喊叫，否则会使犬受惊，影响犬的排便训练。

及时纠正幼犬的不安全行为

　　宠物犬作为人类最好的朋友，与人类关系十分密切，与人类共同生活在一个屋檐下，其各种行为会对我们的生活产生或多或少的影响。其不良行为会给我们带来很大的困扰，如吠叫、啃咬物品等。犬的不良行为有先天性的，也有后天形成的。我们必须在幼犬时期对犬进行调教培训，杜绝其不良行为习惯的产生。对于已养成不良行为的犬，纠正时需要有足够的信心和持之以恒的耐心。

　　1.啃咬物品

　　有些犬会啃咬家具、衣物等东西，给犬主造成一定的损失。犬喜欢啃咬东西可能有 3 方面的原因：一是幼犬对周围的环境充满好奇，把物品当作玩具；二是幼犬在出生后 3～6 月时，乳牙要转变为恒齿，此时特别喜欢咬东西，是牙床发痒而产生一种胜利欲求的现象；三是由于幼犬的精力旺盛，以啃咬东西作为消遣或发泄。一般犬都或多或少地具有啃咬物品的习惯，完全没有啃咬物品习惯的幼犬，要么身体患病，要么秉性不好。啃咬家具、衣物的不良行为当场纠正效果较佳，一经发现，应立即制止。发现幼犬出现这种不良行为时，安静地走近幼犬，用手支住它的上颌部，把物品自口中取出，同时以威胁的音调发出"非"的口令或用手轻拍打幼犬的鼻子，并重复"非"的口令，反复训练，即可制止幼犬乱啃物品的毛病。在进行这种不良行为纠正时，除了正面进行惩罚外，还应根据具体情况，减少幼犬啃咬物品的机会。例如幼犬在室内时限制其玩耍，可关养；选择一些玩具让幼犬啃

咬；增加在外面活动的时间和机会；也可在幼犬磨牙期间，把可移动之物放置于犬不易够着的地方或收藏起来。所有这些方法的采用，其主要目的就是尽最大可能地减少幼犬接触被啃咬物的机会，同时加以正确的引导。

2.吠叫

不少幼犬在刚到新家的第1天，常会不停吠叫。有人逗它玩或守在旁边时表现得较温顺，但如果让它独自留守或犬主夜晚休息时关灯，幼犬就马上开始吠叫，犬主走近时，它就会停止吠叫。反反复复，吵得犬主整夜无法入睡，还惊扰邻里。幼犬吠叫的原因主要是离开原来的群体，新到一个陌生的环境而产生恐惧感或者是感到寂寞孤独。纠正幼犬无故吠叫，最好在入睡前把幼犬关入笼子，而且不要关灯，在笼中放置玩具或咬骨供幼犬玩耍，幼犬玩累了自然会睡觉。必要时可在旁边开着一个收音机，调到一个通宵节目频道，音量调小些，可令幼犬安心休息。幼犬如果仍然吠叫，犬主可装作听不到，任其自然。切忌幼犬一叫，犬主就过去呵护、安慰，这样会使幼犬产生只要吠叫就招致犬主过来陪护的感觉。也不能因为幼犬夜里吠叫就严厉地训斥，更不能实施暴力的体罚，否则幼犬虽暂时停止了吠叫，却会因此而产生对犬主的恐惧和不信任感。幼犬在适应新环境期间，犬主应友善对待幼犬，尽可能多陪伴幼犬，努力缩短幼犬对新环境的适应时间。一般而言，幼犬在2～3天之后就会因逐步熟悉和适应新环境而停止夜里吠叫。

3.随地拣食

随地拣食，一方面可能是因为犬饥饿，另一方面是犬的天性。但如果食物不洁或不安全，犬拣食后可能引起消化不良，甚至会有生命危险。要养成幼犬良好的生活习惯，应该纠正其随地拣食的不良行为。常用的方法主要有以下几种：

（1）机械刺激法

带幼犬外出散步时，不能让犬拣食地面上的食物，如果发现它想拣食时，应立即发"非"的口令，并伴以猛拉牵引带的刺激，当犬停止拣食之后，应给予奖励；如食物已被咬于口中，必须强制打开犬嘴，掏出食物，然后给予抚摸或奖食。在此基础上，可将食物藏在隐蔽处，主人用长绳控制犬，采取上述方法训练，直至解脱长绳，犬在自由活动中，能闻令而止，彻底纠正犬拣食的不良习惯。

（2）欲擒故纵法

在幼犬经常游散的地方，提前放置一些犬喜爱的食物，如香肠、鸡肉等，再在这些食物中拌入令犬讨厌的气味，如酸味、辣味和苦味等。牵引犬让犬前去拣食，充分感受这些气味的强烈刺激和因此带来的痛苦不堪。通常经过2～3次，犬会养成不随地拣食的习惯。

（3）预防法

平时应注意幼犬饲料的调制，保证其全价性和适口性，尽可能饲喂颗粒料，且每餐的喂量要足。这样，在幼犬外出活动时，就不会因为饥饿而随地拣食。

当然，以上3种方法都有一定的局限性。在对幼犬的日常调教和训练过程中，应充分将这几种方法结合使用，取长补短，会达到更好的效果。

在训练幼犬不随地拣食的同时，还应注意纠正幼犬拣食粪便的陋习。纠正幼犬拣食粪便的陋习，应主要从杜绝粪源角度着手，调教的方法也可参照上述方法。

4.无故攻击行为

幼犬的攻击行为是其一种本能，但无故的攻击则多是犬主纵容的结果，在大型的工作犬中更为多见。纠正犬这一不良行为，

主要是通过机械刺激手段结合平时严格的管理来解决。当犬攻击他人或动物的行为即将发生或正在进行时，对犬发出"非"的口令，同时猛拉牵引带。如犬停止攻击，应及时对犬进行奖励强化。多次人为创造类似的积极环境引诱犬，多次反复调教，直至犬对"非"的口令建立条件反射。在以后的饲养和训练过程中，在加强管理的同时，需要不断地进行强化。

5.偷食

犬是天生的"清道夫"，特别是幼犬见到什么食物都想吃，偶尔的偷食会加速、加深偷食行为的形成，最终形成"惯偷"的坏毛病。在幼犬良好生活习惯养成的过程中，应注意对偷食陋习的纠正。当发现幼犬在家中偷食时，应以严厉的口气制止，并最好常用一个固定的词语如"No"，制止时态度与表情要坚决，细声细语或表情不严肃则犬会以为在与它玩耍，不能起到有效的制止作用。犬被制止后会夹尾、低头、一副可怜相，此时切忌理睬，更不能立即去安抚。幼犬停止这种不良行为时，应及时给予奖励。反复多次，即可达到制止效果。纠正幼犬偷食的不良行为，最好从预防做起，养成幼犬不寻找食物的习惯。每次喂食时，都要将食物放在食盆中，不能直接从餐桌上取食喂给，让幼犬懂得只有服从才能有食可吃。作为一种预防，最好把引诱性强的食物放在幼犬找不到或够不着的地方。

培养成年犬对主人的依恋性

成年犬的特点是机体各部功能发育已基本完全，品种特性明显，性格较沉稳，对机械刺激的承受能力较强。训练中应根据各

个品种的特性和不同神经类型及行为反应采用相应的训练方法，坚持诱导与强迫相结合，及时、适度地加大刺激强度。对已经形成的不良习惯要及时果断地禁止，在保证犬的兴奋性的前提下，规范人、犬的动作。合理运用强迫、诱导、奖励等训练方法，快速建立条件反射，进一步完善成犬的神经活动过程。

建立犬对主人的依恋性，其目的在于消除犬对主人的防御反应，使犬逐渐建立起对主人的服从性，便于训练和使用。依恋性的好坏直接影响训练的质量，主人从接触犬之日起，应注意培养犬的依恋性，使犬依恋于主人并贯穿整个训练和使用中。可以从以下三个方面来建立犬对主人的依恋性：

1. 从饲养管理上来培养

主人对犬的饲养管理，是建立犬对主人依恋性的基础。犬对主人依恋性是利用犬的食物反射和自由反射原理，通过主人对犬的饲养管理，使犬逐渐熟悉主人气味、声音、行动特点，产生兴奋，从而建立起来的。因此，在培养犬的依恋性过程中，主人必须亲自负责犬的管理饲养，增加与犬接触的机会，如散放、刷毛，喂犬时守在犬的眼前。在建立依恋的过程中，杜绝他人特别是原主人的接近，更不能纵犬相互嬉斗。

2. 在游戏中培养

游戏性的运动也是犬的基本需要，在游戏中得到的快乐不断地刺激犬重复这种行为，提高犬相应本能行为的能力。主人应密切掌握犬行为表现的需要，借此与犬进行游戏活动，加强与犬的沟通和交流，不断满足犬的本能需求（在此过程中主人还可以消除犬的一些不良行为），由此培养犬的依恋性。同时，还要根据犬本能行为的提高，施以训练手段，培养犬的作业注意力，巩固和提高犬的依恋性，并且要注意犬注意力和兴奋度的协调（人的行为也要保持与犬兴奋同步）。

3. 从陌生环境的适应中来培养

经常带犬到其不熟悉的环境中去，主人不断地给犬以抚慰和鼓励，增强犬的信心，使犬感受到安全来自主人，这可以强化犬对主人的依恋性（使犬能够在陌生的环境中工作时不受干扰或是退缩害怕等）。

4. 注意事项

（1）在饲养管理过程中，主人应亲自喂犬、散放犬，谢绝别人接近犬，并适当增加散放次数。

（2）主人在与犬接触时，声音要温和、态度要和蔼、举动要正常，避免粗暴的恐吓、突然的动作以及其它能引起犬在行为上的主动或被动防御反应的刺激。

（3）防止急躁情绪，对于那些转化慢的犬，适应新主人和新环境需要有一个过程，只要主人精心饲养管理和爱护犬，一旦建立起依恋性，往往是很牢固的。

掌握训练成年犬的基本方法

1. 随行

口令："靠"。

手势：左手自然下垂轻拍腿部外侧。

训练方法：

（1）主人将犬置于左侧，左手握牵引带（距脖圈 20～30 厘米），将其余部分卷起拿在右手，随即唤犬名，引起犬的注意，发出"靠"的口令。随后，左手扯拉牵引带，以较快的步伐前进，或以转大圈的形式使犬随行。当犬在随行中保持正确位置时

应多用"好"的口令奖励。每次随行不少于 100～150 米。

（2）主人将犬置于左侧，左手拉牵引带，右手拿食物在犬鼻前方引诱，并发出"靠"的口令，犬依令前进保持正确位置时，既给予食物奖励。

（3）主人带犬到空房内，先让犬游散片刻，使之熟悉环境，而后将犬置于墙壁与人之间，右手握牵引带。下达"靠"的口令的同时，左手轻拍左腿外侧，令犬进行前进。如果犬超前或落后，应重复"靠"的口令，并扯拉牵引带纠正犬的位置或用左膝推击，迫使犬进行。当犬保持正确的动作时即奖励，逐步转入开阔地形训练。经过以上反复训练，当犬对靠的口令和手势形成基本条件反射后，随行中可将牵引带逐渐放松。当犬保持正确的位置并排行进时，即可在犬不知不觉中解下牵引带，以手势指挥犬。随着犬的能力逐渐提高，进行不同的步伐和方向变换训练，并逐步复杂环境锻炼，达到依令跟随主人正确随行。

（4）训练中常见问题及纠正方法：

进行中犬往前冲或往外偏，纠正方法：用牵引带控制犬，在扯拉牵引带时，用严厉的音调重发靠的口令；利用障碍物限制犬，如果特别兴奋的犬，用"非"的口令结合刺激脖圈来控制。此外，还应加强犬对主人依恋性的培养，训练中应多给犬以奖励。

随行时落后，纠正方法：进行中主人加快步伐，诱发性地发出"靠"的口令，用食物或物品提高犬的兴奋性，并伴以轻拉牵引带。

2.坐

口令："坐"。

训练方法：

（1）食物诱导训练

主人将犬置于左侧，右手拿食物在犬鼻上方诱引，使犬对食物产生高度兴奋，不断发出"坐"的口令和手势。犬为获取食物会做出坐下的动作，主人即用"好"的口令奖励并给予食物。

（2）机械刺激训练

主人将犬置于左侧，然后发出"坐"的口令，同时右手持脖圈上提，左手按压腰（或采取左手按压腰角，右手持食物引诱相结合的方法），当犬被迫做出坐下动做时应立即给予奖励。

（3）正面坐训练方法与侧面坐方法相同。当犬在面前根据口令和手势能做出动作后再逐渐延长指挥距离。

（4）在犬游散训练中，视犬有坐的表现时，主人乘机发出"坐"的口令和手势，犬坐下后即给予奖励。经上述方法反复训练，当犬对"坐"的口令形成条件反射后，应进入正规训练，而且只有当犬做出准确动作后才给予奖励。

（5）训练中常见问题及纠正方法：

犬躺坐或臀部歪斜。其纠正方法：令犬重坐；用手扶正其歪斜部分，或轻击歪斜部，动作正确后给予奖励。

犬后腿外伸。主人可用左脚尖触及犬右后腿，使之内收，以右手将犬左腿扶正。严重的可让犬靠近墙根坐，主人以左腿阻挡犬后腿，防止外伸。

3.延缓

目的：培养犬在指定地点和一定时间内原地不动的忍耐性。

要求：经得起一般诱惑，保持原姿势不变。

口令："定"。

手势：右手五指并拢，由右向左下方自然挥动。

训练方法：

（1）主人令犬座于左侧，左手持牵引带，然后向右侧移动3～5步，并频发"定"的口令和手势。如犬有欲动的表现，应及

时发出"定"的口令。若犬站立则令犬在原地坐好，并用手轻击犬的臀部，重复"定"的口令。犬依令延缓3～5秒，即回到犬前奖励。反复训练，随着犬的延缓能力的提高，逐渐延长延缓的时间和主人的指挥距离，并在前方成弧形缓步活动。

（2）主人令犬坐下，发出"定"的口令和手势后，离开犬30～50米，面向犬再发一次"定"的口令和手势，然后隐藏起来，暗中观察犬的行动。如犬动则发出"非"的口令加以制止，不动则给予奖励。待犬的延缓能力巩固后，再进行复杂的环境训练。

（3）主人令犬坐下后，跑到犬前方30米处立定注视犬。下达"定"的口令，助驯员由远而近，由前至后唤犬前来或做出一些轻微的引诱动作。犬若不动，助驯员离去时，主人即上前给予奖励，若犬动则下达"非"的口令，结合强迫手段予以制止并重复训练。在此基础上，主人隐藏起来，由助驯员进行引诱，引诱的动作也随之增强，如犬仍不动，则训练目的已达到。

（4）常见问题及纠正方法：

改变姿势。纠正方法：延缓时间不宜过久，以防产生疲劳；当出现改变原姿势的情况时，要用威胁音调"非"的口令结合适当的机械刺激予以制止，并令犬重做。

当助驯员接近犬时，犬跑开。纠正方法：助驯员引诱时声音不要过于严厉，根据犬的特点决定引诱动作的强弱，以免使胆小的犬产生惧怕。

此科目应与"前来"分开训练，以免影响延缓能力的形成与巩固。

4.卧

目的：培养犬依据口令、手势迅速卧下的能力。

口令："卧"。

手势：右手五指并拢垂直上举，下压90°，掌心向下。

训练方法：

（1）侧面卧下

主人令犬坐下，左腿后退一步取跪下姿势，左手握犬脖圈，右手拿食物在犬鼻子前引诱，同时发出"卧"的口令，然后左小臂轻压犬的肩胛，右手将食物从犬鼻的下方慢慢向下移动，并再次发出"卧"的口令。当犬卧下后，及时用食物奖励。稍后，再发出"坐"的口令，左手持牵引带上提，或用食物由下向上引诱，犬坐起后给予奖励。

还有一种方法：将犬坐于沟坎的边缘或洞穴前，主人手握脖圈，用犬兴奋的物品逗引，迅速抛进沟里，同时发出"卧"的口令，犬为了获取物品，就会做出卧下的动作。犬卧下后即用"好"的口令奖励，取出物品令犬衔取。食物引诱也可参照此法训练。

（2）正面卧下。主人另犬坐下后，在犬的正前方适当位置取单腿跪姿，发出"卧"的口令后，右手持食物在犬鼻前引诱，左手向前轻拉前肢，犬卧下后给予奖励。稍后，令犬起坐。经反复训练，犬形成条件反射后，逐渐取消引诱和牵引带的控制，逐步延伸指挥距离至 30 米以上。当犬的能力巩固后，进行复杂环境锻炼。

（3）常见问题及纠正方法：

卧下后犬前肢内收或交叉在一起，下颌伏地。遇此情况，主人应将前肢拉直，轻拖犬的下颌，并发出"定"的口令，正确动作出现后即给予奖励。

犬卧下臀部歪斜或躺卧。纠正方法：用手帮助扶正，如扶正后再次出现，则应采取强迫手段予以纠正；令犬坐起后再重新卧下。

卧下时犬站起或起坐后自行卧下。纠正方法：对前者以轻压

犬的腰角，或伴以强迫手段加以制止；对后者以严厉的音调发出"非"的口令，并结合上提脖圈的刺激迫使犬坐起。

5.衔取

口令："衔"、"吐"。

手势：右手指向所要衔取的物品。

目的：使犬听从指挥，服从性增强。

训练方法：

衔取是多种使用课目训练的基础，也是玩赏犬经常训练的一个动作，其目的是训练犬将物品衔给主人。衔取训练是比较复杂的一种动作，包括"衔"、"吐"、"来"、"鉴别"等内容，因此，训练时必须分步进行，逐渐形成，不能操之过急。

首先应训练其养成"衔"、"吐"口令的条件反射。训练的方法应根据犬的神经类型及特殊情况分别对待，一般多用诱导和强迫的方法。

在用诱导法训练时，应选择安静的环境和易引起犬兴奋的物品。右手持该物品，迅速地在犬面前摇晃，引起犬的兴奋，随之抛出1～2米远，立即发出"衔"的口令，在犬到达要衔的物品前欲衔取时，再重复发出"衔"的口令，如犬衔住物品，应给予"好"的口令和抚摸奖励，让犬口衔片刻（30秒左右），即发出"吐"的口令，主人接下物品后，应给予食物'奖励。反复多次后即可形成条件反射。

有的犬须用强迫法训练。此时，令犬坐于主人左侧，发出"衔"的口令，右手持物，左手扒开犬嘴，将物品放入犬的口中，再用右手托住犬的下颌。训练初期，在犬衔住几秒钟后即可发出"吐"的口令，将物品取出，并给予奖励。反复训练多次后，即可按口令进行"衔"、"吐"训练。在此基础上，再进行衔取抛出物和送出物品的能力训练，直至训练犬具有鉴别式和隐蔽式衔取

的能力。在训练衔取抛出物时，应结合手势（右手指向所要衔取的物品）进行，当犬衔住物品后，可发出"来"的口令，吐出物品后要给予奖励。如犬衔而不来，则应利用训练绳掌握，令犬前来。

6. 吠叫

口令："叫"。

手势：右手食指在胸前轻点。

目的：使犬养成根据指挥进行吠叫的服从性。

训练方法：

先令犬坐下，把牵引带的一端拴在牢固的物体上，发出"叫"的口令和手势（右手半伸，掌心向下，对着犬做抓握动作3～4次），同时用食物在犬面前引诱，由于食物的刺激引起犬的兴奋，但又吃不到食物，犬就吠叫。初期应在吠叫后给食物奖励，以后应逐渐减少，直至完全取消奖励，养成只听口令和看手势就可吠叫的要求。另外，也应培养犬对衔不着或衔不动的物品用发出吠叫的方式来表示的能力。为此，可利用最能引起犬兴奋的物品，放在犬衔不到的地方，令犬去衔取，并发出"叫"的口令，如能叫立即给予奖励，并将物品拿出让犬衔取。这样反复多次，即可培养出犬对衔不着或衔不动的物品以吠叫形式表示的能力。

7. 游散

口令："游散"。

手势：右手向让犬去的前方一挥。

目的：让犬休息和让犬依照口令和手势获得自由，也是主人对犬进行奖励的一种方式。本科目的训练可与随行、前来、坐下三个科目同时穿插进行。

训练方法：

（1）主人用训练绳牵着犬同犬向前跑，待犬兴奋后，即放长

训练绳，同时以温和音调发出"游散"的口令并结合手势指挥犬进行游散。当犬跑到主人前面，主人应立即减缓行动速度徐徐停下，待犬自由活动。经过几分钟后，主人应令犬前来，犬到跟前后，加以抚拍或给予食物奖励。按照这一方法，在同一训练时间内可连续训练 2～3 次。在训练中，主人的态度表情应该始终活泼、愉快，这一科目通过若干次的训练后，犬使能根据主人的口令和手势进行自由游散。

（2）训练这一科目，除了在一定训练时间内进行外，大部分时间可利用在其它科目训练结束后和结合平时的散放中进行，尤其在早上犬刚出犬舍需要自由活动而表现特别兴奋之际进行训练，将能收到更好的效果。

（3）常见毛病及纠正方法：

犬乱跑，对这种现象主人要用训练绳进行控制，为了便于掌握犬，在一般情况下，人犬距离不要超过 20 米。对犬的恶习应及时发出"非"的口令并急拉训练绳加以制止。

犬不离开主人，需要训练游散，但主人必须很好地调节犬的情绪，态度要温和，语气要亲切，多使用奖励口令。必要时可随犬一起游散，但一起游散次数不宜过多。

8.不动

口令："定"。

手势：侧面定，右手五指并拢，轻往犬鼻前撇下；正面定，右手高举，手心向前。

目的：培养犬的坚强忍耐性要求，能闻令不动并禁得住一般引诱。

训练方法：

（1）令犬坐在左侧，左手持牵引带，下达口令"定"并做手势。然后返身缓步后退 3～5 步，重复下达口令"定"并做手势。

此后视情况逐步延长距离5～10米处，至此主人方可转身前进。

（2）主人令犬坐定后，离开几十米，面向犬再发一次"定"的口令并做手势，然后找一适当位置隐蔽起来，暗中监视犬的行动。如犬动则下达口令"非"加以制止，并重复上述动作，不动则奖。此后逐步延长时间，变换各种环境锻炼。

（3）主人令犬坐定后，到适当距离下达"定"的口令并做手势，然后离去，助驯员由远而近，由前至后唤犬前来，若犬不动，即给奖励。若动则下达口令"非"加以制止并重复上述方法训练。在此基础上，主人隐蔽后，由助驯员逗引，如犬仍不动，即可达训练目的。

（4）常见毛病的纠正方法：

犬不注意主人或改变姿势。主人可用举动吸引犬的注意，呼犬名，令犬恢复原姿势，同时，不要过多训练使犬疲劳。

当助驯员接近犬时犬跑开。主人应发"定"和"好"的口令。

当多次下达"定"的口令后，如主人离开，犬仍起来甚至走开时。将犬拴住，重新训练。

此科目应与"前来"分开训练，以免产生不良联系。

9.前来

口令："来"。

手势：右手五指并拢，上身微曲，右手平伸拍右腿。

目的：培养犬依口令、手势来到主人正面坐下的能力。

训练方法：

（1）解脱牵引带与犬同跑，待人犬拉开一定距离后，主人急往后退，同时手拿食物引诱，边退边发"来"的口令、手势。

（2）在喂犬时令犬坐定或交给他人牵着，主人持饭盆至一定距离注视犬，发出"来"的口令、手势，当犬依令前来时，即可用口令"好"来奖励犬来到跟前令犬正面坐下，然后下"靠"的

口令待犬坐于左侧，即给犬进食。

（3）将犬带入训练场，令犬坐下。主人前进 30～50 米，面向犬发出"来"的口令、手势，同时稍往后退，若犬听令前来即奖励。犬快到跟前时，发出"坐"的口令、手势，令犬坐于正面，然后再靠于左侧。

（4）常见毛病的纠正方法：

前来时在中途跑开或乱闻地面。如有外界影响则设法避开；地面上气味复杂的，可转换场地；如因惧怕主人而不前来，则应多加奖励改善主人和犬的关系。

前来时速度慢。多采用诱导的方法训练，每次呼犬前来，主人应往后退或向相反急跑，并发"好"的口令。

前来时因速度快冲过坐下位置，应提前发出口令"慢"加以控制，同时也可以利用自然地形阻挡犬。

10.闻嗅源

口令："嗅嗅"。

手势：右手食指指向嗅源（嗅源是指附有人的气味的物体和痕迹，它是鉴别、追踪的依据，只有通过嗅源气味作用于犬的神经中枢引起足够的兴奋，才能进行鉴别和追踪），培养犬的嗅闻或感受气味的能力。

目的：养成犬依令闻嗅源，要求"嗅闻积极，不扒不咬，不舔嗅源"。

训练方法：

（1）拿一小土块，在犬前逗引，然后当着犬面将土块抛出，主人迅速向前将土块踏碎成足迹，然后令犬嗅闻。犬若听令嗅闻，即给予奖励。

（2）把犬拴住，用犬喜爱的物品逗引，然后将物品抛在预先选好的地面上，主人急上前拿起物品作埋物状，以引起犬的注意

和激起犬的兴奋。同时在地面上踏出足迹，也可以将物品埋起来，犬闻过后，将物品挖出与犬玩，以提高犬的作业兴奋性。

（3）选一新鲜松软潮湿的土地，令犬坐好，主人在离犬3～4米处踏出足迹，同时用手在地面上拍打几下，以引起探求，然后以左手握牵引带，右手食指指向足迹发出"嗅嗅"的口令，引起犬嗅闻，犬依令对足迹细致嗅闻即给奖励。

（4）嗅闻物品。

隐蔽遮盖嗅源的训练。在训练时，应先拿物品逗引犬，以引起犬的兴奋，然后将物品藏于草丛罐内等隐蔽处，不让犬看到物品的隐蔽点，然后令犬在附近嗅闻找出物品。

嗅源为声响物品的训练。用一能发出响声的物品作嗅源使其发声引起探求，再令犬嗅闻。

嗅源为发光物品的训练。将纱布、手绢蒙在手电上，使之发出光引起犬的探求而嗅闻。

嗅源为新奇物品的训练。利用犬所不常接触的新奇物品预先布设在某一地点或拿在手中，当犬接近物品时，即发出"嗅嗅"的口令。

（5）闻嗅源训练的注意事项：

训练时要耐心细致，严禁采用强迫手段，否则，将会产生假嗅或害怕训练。

嗅闻的时间不宜过长，次数不宜过多，否则，容易使犬产生扒、衔、舔的毛病。

不能用带有刺激性气味的物品（酒精、汽油等）给犬嗅闻。

训练时最好选择早、晚凉爽的时候进行，加快能力的培养。

不应反复用单一物品，要多样化，并经常变化。

人与犬的游戏训练方法及技巧

犬玩赏科目训练一般针对中小型的宠物犬，主要包括"握手"、"感谢"、"打滚"、"钻火圈"等。这些科目实际上是源于犬的一些本能活动，类似于人与犬的游戏。玩赏科目在犬的杂技表演中屡见不鲜，也给人们的日常生活增添了不少的乐趣。下面以"握手"这一科目来具体说明其训练方法及技巧。

口令："握手"、"你好"。

手势：伸出右手，呈握手姿势。

目的：犬的握手训练是培养犬与人握手的能力，要求犬在听到主人发出握手口令或手势后能迅速伸出一条前肢与人握手。

训练方法：

握手对任何品种的犬来说都很容易训练，而北京犬、博美犬等小型犬甚至不用训练，当你朝它的前肢伸出手时，它都会主动地伸出前肢与你握手。训练时，让犬与主人面对面坐着，然后主人伸出一只手，并发出"握手"或"你好"的口令，如犬抬起一条前肢，主人就握住并稍稍抖动，同时发出"你好、你好"的口令，以进行奖励。如此经过多次训练后，犬就会形成对握手口令和手势的条件反射。如主人发出"握手"的口令后，犬不能主动抬起前肢，主人则要抚摸犬的头部并用手轻轻推动它的肩部，使其重心移向左前肢，同时伸手抓住犬的右前肢，上提并抖动，发出"你好、你好"的口令，予以鼓励，也可抚摸犬的颈下、前胸或以食物奖励，并要求犬保持坐势。如犬不能执行命令，也可用食物引诱，当犬想获得食物时就会伸出前肢扒在主人握食物的手

上，此时发出"握手"的口令，并用另一只手握住它的前肢，上提并抖动，与此同时，用食物进行奖励。

纠正成年犬咬人、扑身等坏习惯

1. 如何改掉犬咬人的坏习惯

犬咬人是不对的，应立刻作出惩罚。犬在同人类生活前处于野生状态，撕咬对它来说是生存的必要手段。它们通过这种方式来守护自己的势力范围，并且使弱小的动物屈服于它们。现在犬和人类一起生活，有精神压力或恐惧心理时它们还是会咬人，这时如不严加管教，这就会养成咬人的恶习。犬把人咬伤是相当危险的，所以应该从小就告诫它咬人是一种不被允许的事，并让它明白主人才是更强一方，培养它的顺从意识。

（1）咬主人

严厉训斥时，纵容犬向主人撕咬会养成咬人的恶习，应该及时告诫它咬人是不对的。即便是小型犬种，其牙齿也很锋利，对主人来说十分危险，必须尽早地改掉它咬人的恶习。爱犬咬人后要马上训斥它，或是托着它的下巴训斥，或是将杂志卷成筒向地板上敲、发出大声音来恐吓它，这些都是很有效的方法。

及时安抚时，训斥完，犬受到惊吓会安静下来，这时应该好好夸奖它。

（2）咬陌生人

有时犬见到陌生人会因警戒或恐惧心理而咬人。这时可以请朋友帮忙，训练犬习惯与生人接触。

首先在朋友的帮助下，消除犬对外人的恐惧心理。

让朋友喂给爱犬食物，并且要让它看见食物是从主人那里递给朋友的，这样可以让它明白这个人是主人所信赖的，并不是危险人物。

一同夸奖它。吃了朋友喂给的食物后，两个人一同夸奖它，这样就能让它逐渐习惯与生人接触了。

2.纠正犬扑上身来的不良习性

通常幼犬看见主人从外面回来，都会高兴地扑过来，如果您穿了一身新衣服，一定会粘上犬毛，或被爪子印弄脏。因此，如果眼看爱犬向自己身上扑过来，主人应该立即用手将犬拉下，并对它发出命令"不行"、"下去"，如果犬再跳上来，则反复加重语气命令"不行"、"下去"。但是切记不可动手打它，只要按住其肩膀部位推下去即可。如果仍不起效，则可用双手抓住犬的前肢，脚踩住犬的后脚趾，同时双手将犬的前肢放下，口令还是以命令"不行"、"下去"来制止并纠正它们。犬是善解人意的，当主人要制止犬做得不对的事情或对其下命令时，脸上装出严肃或不高兴的表情，眼睛要注视着犬，以便让犬明白自己做错了事情，主人不悦。

3.纠正犬乱叫的不良习性

首先查明犬乱叫的原因再采取对策。要改掉犬乱叫的恶习必须对症下药，仔细查明它吠叫的原因。当犬对来访客人怀有警戒心而乱叫时，可以在客人的帮助下，让它意识到客人并不是危险的人物。主人可以边抚摸犬使其安静，边让客人喂给它吃的东西。当犬听到电话铃就会吠叫时，可以在电话铃声一响，就喂给它吃食物并轻拍它的身体，使它保持冷静。如果犬总是不停地乱叫，一定要严厉地训斥它。可以向上提牵引绳，给犬严厉的警告，并且训斥它，告诉它不许乱叫。另外就是抬起犬的下巴并告诉它不能乱叫，这也是一种很有效的训斥方法。

猫咪异常攻击行为的纠正

　　家猫一般不攻击除鼠以外的动物和人，但当其它猫进入它的领地时，它就会发起攻击，这称为领域性攻击行为；猫疼痛时，也会发动攻击，如受到打击或其它刺激等导致疼痛，这称之为疼痛性攻击行为。以上这两种行为均为正常攻击行为。

　　猫的异常攻击行为有雄性间争斗行为、恐惧性攻击行为和宠爱性攻击行为三种。

　　1. 雄性间争斗行为

　　一般是在雄猫长到 1 岁左右时，相互间抓扑或撕咬对方。防止办法是给公猫皮下或肌肉注射甲地孕酮以终止争斗。也可以给公猫去势，一般去势后数天或数月后，雄性问争斗行为即自行终止。

　　2. 恐惧性攻击行为

　　一般是在陌生人来访，猫突然受到惊吓或受到主人打击时发生的攻击。多发生在神经敏感或胆小的猫身上，防止方法是消除这些不安定因素，并喂些它喜食的食物，轻轻抚摸它。当猫安静下来、不再害怕时，这种攻击行为也就自动终止了。如果症状较严重，可以给猫口服安定，每日 3 次，每次每千克体重喂 1～2 毫克，一般需持续 7 天左右。

　　3. 宠爱性攻击行为

　　多发生在雄猫身上，由于受到主人的过分宠爱，雄猫在主人毫无防备的情况下，咬伤或抓伤主人。防止方法是避免过分宠爱猫的行为。

4. 对主人攻击行为

猫主人如果对猫有过分宠爱的行为，如让猫上床睡觉，常把猫抱在怀中，主人吃饭时经常挑鱼、肉喂它，时间久了，猫可能偶尔突然攻击主人，而主人常由于没有防备而被猫抓伤或咬伤，甚至在夜间正睡觉时，猫突然抓伤主人的脸或咬伤手。在这种情况下，主人应终止对猫的过分宠爱行为甚至几天或一周不理睬它，而且要严厉训斥猫的攻击行为。对行为严重的公猫，应立即皮下注射甲孕酮进行治疗。

5. 逃走行为

猫的逃走行为表现为，经常外出不归或长时间在外停留。若猫有此行为时，应在猫脖颈部拴系一条项圈，系一条长绳子拴在室外饲养，每日半天，1 周后再拴到室内饲养，2 周后可去掉拴系的绳子。也可对猫进行惩罚，用报纸卷成筒对猫进行拍打训斥。

猫咪异常性行为的纠正

异常性行为的表现有公猫异常交配、交配不成功或母猫拒绝交配，去势公猫或未去势公猫自行爬跨其它公猫，或强行与未发情的母猫交配，而母猫表现为反抗或躲闪等。

1. 纠正方法

（1）用水枪向猫喷水

每当发现猫出现异常交配表现时，就立即用水枪向猫喷水。猫受到水袭击后，立即逃走，8～10 次后，便可纠正猫的异常交配行为。但应注意，养猫者应在隐蔽处，不要让病猫觉察到用水

枪喷水是人为的。

（2）孕酮

可选用甲孕酮或甲地孕酮注射，治疗猫的异常性行为。

（3）让公猫提前熟悉交配地点

有时公猫不愿与母猫交配，是由于公猫对交配的环境不熟悉或感到不舒适引起的。应在交配前1～2小时让公猫到交配地点熟悉环境，消除紧张。

（4）拔掉阴茎上的毛环

有的病猫不能将阴茎插入阴道内是由于公猫阴茎龟头上覆盖有上皮乳头，在上皮乳头上聚集有许多毛发，主要来源于包皮上的阴毛或当勃起阴茎与母猫会阴部摩擦时沾上了母猫的被毛。治疗时，先将公猫固定好，将包皮向下外翻，使龟头充分暴露，将裹绕于龟头上的毛用小镊子轻轻拔掉。拔完毛后，公猫即可进行正常的交配活动。

（5）种公猫的交配训练

对种用的公猫或交配不成功的公猫可采取交配训练的方法进行治疗。其训练过程是：为公猫专门提供一个交配场所，先让公猫适应环境，几分钟后，再将发情母猫放于同一场所。可允许公猫与母猫连续交配几次。公猫在初次交配时，一般需要30分钟至几个小时后才与母猫交配。但训练交配几周以后，与母猫交配的时间可缩短至15分钟或更短的时间。应注意的是，在训练公猫的交配行为时必须用发情母猫。

2.注意事项

当公猫前来与发情母猫交配时，母猫逃走或向公猫发起攻击。治疗方法为：

（1）固定母猫先将母猫固定后，使母猫处于蹲伏位置，以有利于公猫顺利进行爬跨、交配。公猫大多愿意与固定好的母猫

交配。

（2）让猫提前熟悉交配地点

先将公猫、母猫放于一个较为干净、安静的环境，让它们彼此熟悉后，母猫也许会让公猫交配。

猫咪异常捕食行为的纠正

猫常好捕捉主人和邻居家中散养的鸡、兔或笼养鸟，为了避免这一行为的发生，可对猫采取如下措施：

1. 在猫脖颈部拴系一个响铃，当猫捕捉鸡、兔或鸟时铃便发出响声，这样被捕动物听到响铃声会提高警惕，逃走，减少损失。同时，铃响后也可提醒主人前去制止猫的异常捕食行为。

2. 用水枪惩罚。当看到猫捕食鸡、鸟、兔时，立即用水枪向猫喷水，连续惩罚几次，即可制止猫的异常行为。

3. 在猫的鼻端涂上香水或除臭剂，连续3日，每日1次。同时，在鸟笼或兔笼上喷洒同样的液体。猫对这种特殊气味很厌恶，可避免其再去捕食小动物。